L'ART

DE FAIRE LES

RESSORTS DE MONTRES.

L'ART DE FAIRE LES RESSORTS DE MONTRES.

Suivi de la maniere de faire les petits RESSORTS DE RÉPÉTITIONS & les RESSORTS SPIRAUX.

PAR

Mr. W. BLAKEY,
Ingénieur Hydraulique &c.

A AMSTERDAM,
CHEZ MARC-MICHEL REY.
MDCCLXXX.

PROSPECTUS.

De tous les projets typographiques, jamais aucun n'a présenté un si beau plan que celui des Arts & Métiers, sous l'inspection de l'Académie Royale des Sciences de Paris. Ce plan une fois achevé, autant qu'on peut raisonnablement le desirer, sera le dépôt général des connoissances utiles aux hommes; dépôt qui conservera à la postérité des Arts qu'elle a perdus de temps en temps, comme il est arrivé de ceux des Egyptiens, des Grecs & des Romains, &c.

Ayant écrit en Anglois ma théorie & mes expériences sur les machines à feu & à air, & voulant y joindre différentes Machines de mon invention, j'en fis part à un de mes amis de Paris, en lui montrant 29 Desseins que j'avois finis des Machines à feu, suivant mes principes. Je lui fis voir aussi plusieurs esquisses d'Engins propres à laminer des lames de Fer & d'Acier à chaud de 30 à 50 pieds de long; * un Moulin qui fait marcher quatre marteaux, deux devant & deux derriere l'arbre. Cette maniere d'ajuster des marteaux est de l'invention de mon Pere, pour gagner de la place pour les ouvriers; un Moulin pour tirer du fil de pignion de Montre & de Pendule, fait en conséquence d'un privilege exclusif qui me fut accordé, par le Roi, en 1744. d'après le rapport de l'Académie: ce Moulin peut tirer des fils depuis 2 lignes de diametre jusqu'à neuf; de Fer ou d'Acier depuis un pied jusqu'à douze de longueur, sans faire des mâchures de tenailles; la roue de 17 pieds de diametre avec une chûte d'eau de trois pieds, tourne alternativement d'un côté comme de l'autre pour reprendre les points avec les tenailles. Le changement de mouvement de cette roue se fait dans une seconde & sans choc. Il y avoit aussi des fourneaux pour différents usages, & plusieurs autres machines nécessaires à la manipulation des ressorts de Montres & de Pendules, de Scies de pignion; détail assez considerable pour avoir besoin d'une grande quantité de Planches, sans être dans la nécessité de faire des répétitions en gravures & en textes, qui ne pouvoient être utiles qu'aux Libraires, & à ceux qui écrivent à la toise pour ces Messieurs.

Mon ami ayant vu mes dessins & mon Plan qui étoit en Anglois; il me conseilla de le traduire en François, & me dit que, chaque Art à part, pourroit faire un volume. Je communiquai ce conseil à un Académicien de ma connoissance, & très-connu par son savoir en Méchanique. Il approuva mon plan & parut flatté de ce que je voulois bien donner l'Art de faire les ressorts de Montre, &c. ayant acquis quelque réputation dans ce genre de manufacture.

Je traduisis mon Ouvrage sur les Machines à feu, & y en joignis encore deux autres sur d'autres matieres.

* J'en ai fait un, par curiosité de 102 pieds & 8 pouces de long, mesure de Paris, parfaitement égal & de l'épaisseur au dessous d'une piece de deux liards de France.

**

J'écrivis ſur la maniere de faire les reſſorts de Montre & les reſſorts ſpiraux des balanciers de Montre, & les préſentai à l'Académie qui me fit l'honneur d'approuver mon travail, comme on peut le voir par l'extrait de ſes Regiſtres placés à la fin de ce *Proſpectus*.

Etant muni des relevés de ces regiſtres, je m'adreſſai au commencement du mois de Septembre 1772, à Mr. *Saillant*, Libraire, qui a l'entrepriſe des Arts & Métiers. Je lui montrai un de mes Manuſcrits, avec mon titre ſigné de Mr. de *Fouchy*, Secrétaire perpétuel de l'Académie; mais ſes propoſitions n'ayant pas repondu à mon attente, je pris le parti de donner à faire ces douze Planches *in folio* ſur les reſſorts de Montres, à Mr. *Benard*, qui les a ſupérieurement gravées. Mes affaires m'appellant pour lors en Angleterre & en Hollande, je ne pus ſuivre l'impreſſion de mon Ouvrage, que j'ai écrit avec toute la bonne foi que doit avoir un Artiſte, quand il parle au Public. J'y ai ajouté des Obſervations qui ne peuvent s'acquérir que par l'expérience.

Pendant que l'on gravoit mes Planches, j'écrivis l'Art de faire les reſſorts de Pendules, & je deſſinai toutes les Machines qui ont ſervi à mes Moulins à eau que j'avois établis à cet effet.

Ce ſont ces trois Parties que je propoſai alors par ſouſcription, croyant cette voie la meilleure, pour être rembourſé d'une partie de mes dépenſes, & n'être pas expoſé à être pillé & fruſtré de mes peines. N'ayant pu y reuſſir comme j'avois lieu de l'eſperer, par des raiſons que je tais, parce qu'on pourroit les attribuer à une ſorte de vanité de ma part, je pris le parti de revoir mes ouvrages qu'en effet j'ai rendu depuis beaucoup plus complets par des additions qui pourront ſervir à pluſieurs eſpeces de Fabriques, où l'on emploie le forgeage, le laminage & le poliſſage par la force de l'eau: j'y joindrai l'Art de faire des bandages élaſtiques *pour les Deſcentes ou Hernies dont je ſuis l'Inventeur*. Ces ouvrages ſeront du même format que ceux de l'Académie, leur ſerviront de ſuite, ſuivant leurs dates, & ſeront imprimés ſur beau papier, conforme à ce qui a été imprimé dans ce genre.

Depuis ce tems, d'autres affaires m'ayant conduit en Hollande, j'y ai vu le Libraire M. M. Rey avec lequel je me ſuis arrangé pour cette ouvrage dont le prix eſt de *f* 4 — : — de Hollande.

L'Auteur vient encore de donner au Public: *Obſervations ſur les Pompes à Feu, à Balancier, & ſur les nouvelles Machines à Feu;* avec des Remarques ſur la ſituation de la Hollande, & les Machines propres à épuiſer les eaux des Marais, *in 4to.* 2 part. fig. Cet Ouvrage ſe trouve à Rotterdam, chez Bronkhorſt; à Leyde, chez Murray; à Amſterdam, chez Rey; & à Liege, chez l'Auteur: Prix 4 flor. de Hollande, ou 8 liv. de France.

AVANT PROPOS

DE L'ART

DE FAIRE DES RESSORTS

DE MONTRES.

L'Art de faire les Ressorts de Montres & de Pendules, est peut-être de toutes les manipulations méchaniques, celle qui procure le plus de connoissances physiques sur les propriétés de l'acier; en découvrant d'abord les qualités essentielles au fer pour le convertir en acier, l'Artiste ne peut s'empêcher de reconnoître, ensuite de ce travail, les différentes qualités de ce métal, telles que sa dureté, sa maléabilité, son élasticité, &c.

Pour entendre ce que je vai dire, il faut savoir qu'un Ressort de Montre ordinaire, est une petite lame mince, depuis douze jusqu'à vingt-deux pouces de long, pliée de façon, qu'elle ait assez de force élastique, pour faire vibrer un balancier 540, 000 fois en trente heures.

Il n'est pas facile d'assigner l'époque de la découverte de l'acier & de ses différentes qualités, ni même celle où l'on fabriqua le premier Ressort, mais l'on peut conjecturer que les qualités des lames élastiques en ressorts, n'ont été bien connues que depuis l'invention de la fusée qui regle l'inégalité des ressorts.

Les premiers Ressorts de Montres, fabriqués aussi parfaitement que l'acier le permettoit, furent faits en Angleterre de même que ceux de Pendules à fusée. Dans ce temps là les Ressorts faits en France, en Allemagne & à Geneve, étoient de beaucoup inférieurs à ceux-ci. Les Genevois l'emportoient sur les François, par la qualité de l'acier d'Allemagne dont ils se servoient; mais ceux-ci en revenche donnoient à leurs Ressorts de Pendules & aux Ressorts de Montres avec barillet tournant, la meilleure forme de tous, ils péchoient seulement par la qualité des aciers qu'ils employoient, & par le peu de connoissance qu'ils avoient de cette matiere; on se ressent encore en France de ce manque de savoir, dans tous les métiers où on employe l'acier, excepté chez quelques Horlogers, qui savent donner aujourd'hui à ce métal tous les degrés de dureté que leur art exige.

Comme la qualité de l'acier est ce qui détermine le plus ou le moins de force élastique dans les Ressorts, il est important de commencer par en parler. Je dis donc qu'il y a de deux especes d'aciers, l'un *naturel* & l'autre *artificiel*: leurs propriétés se subdivisent en un grand nombre de degrés, que l'expérience de l'Artiste en Ressorts fait distinguer. Je ne les rapporterai pas ici, parce qu'elles deviendront plus sensibles dans la description que je ferai de la maniere de les travailler; je dirai seulement que plus on les corroye, quand on les forge en barre, plus ils deviennent ferrugineux.

Les Allemands, depuis un temps infini, ont été les seuls qui ayent fabriqué de l'acier naturel: leurs mines de Stirie, de Carinthie & du Tirol ont donné le meilleur acier du monde: ces aciers transportés en plusieurs provinces y ont été mêlés & travaillés dans différentes fabriques, d'où ils ont pris & retenu naturellement les noms de Hongrie, de Pont, &c. mais le meilleur est celui de Stirie; que l'on prefere à tous les autres malgré les fraix de transports; tout ce qui en a été porté par la Pologne & la Vistule dans la Baltique & les mers du nord, a été nommé acier de Dantzick, parce qu'il partoit de ce port, & tout ce qui en a été envoyé dans la Méditerrannée par Venise, a pris son nom de cette Ville.

L'Acier artificiel est fait avec des barres de fer dans des caisses de briques, où l'on met une couche de ces barres, & une autre d'ingrédiens alternativement. On chauffe le tout à un certain degré connu des faiseurs d'aciers.

Cet art s'est beaucoup perfectionné en Angleterre, par les soins du Chevalier *Crowlay*, à qui les Faiseurs de Ressorts de Montres, à Londres, rendoient compte de ce qui manquoit à son acier, tant en flexibilité & en dureté, qu'à l'égard de sa fragilité.

enfin ſans autre principe & en tatonnant, Mr. *Crowlay* a ſu choiſir le fer propre à devenir l'acier le plus parfait de nos jours, & ſupérieur à tout ce qu'on raconte de l'acier fabuleux de Damas, qui vraiſemblablement n'étoit autre choſe que celui de Stirie, que les Vénitiens portoient par toute l'Aſie & ſur les côtes de la Méditerranée, & avec lequel les Turcs fabriquoient les ſabres de Damas, devenus ſi fameux par les conquêtes rapides de ces Mahométans.

Ce ne fut que 40 ans après Mr. *Crowlay*, que les Anglois trouverent le moyen de préparer l'acier artificiel en barres à la mode d'Allemagne, ce qui lui donna une égalité de corps propre à être employé à toute eſpece d'ouvrage. C'eſt le chauffage dans du charbon de terre qui a facilité les moyens de parvenir à cette perfection, qui ne peut s'obtenir de même avec le charbon de bois, ſans beaucoup plus de peines; d'ailleurs le charbon de bois eſt trop coûteux pour de pareils ouvrages.

Ce que je ſais de plus certain ſur le temps où l'on a commencé à faire des Reſſorts de Montres avec quelque perfection, c'eſt que vers la fin du dernier ſiecle, un Réfugié François faiſoit ſes Reſſorts moins caſſans que les autres ouvriers de Londres, parce qu'il les trempoit dans du ſuif. Mr. *Vernon*, le plus habile de la Ville, & qui étoit ſon contemporain, apprit cette maniére & l'adopta; ſon éleve, *Sadler*, ſuivit ſes traces, comme je l'ai appris de mon pere, qui étoit auſſi éleve de *Vernon*, ainſi que *Maberley*, qui tous ont porté les Reſſorts au dégré de perfection où ils ſont reſtés, juſqu'à ce qu'on ait découvert certains outils plus propres à donner aux Reſſorts leur véritable figure. Dans ce même temps on faiſoit beaucoup de Reſſorts de Montres à Geneve, ainſi que quelques-uns de Pendules, & ces derniers étoient auſſi bons que les premiers étoient mal-faits.

Paris avoit auſſi ſes Artiſtes en ce genre, mais tellement inférieurs à ceux de Geneve & d'Angleterre, que les Horlogers de Paris achetoient ordinairement leurs Reſſorts des Genevois, & payoient le triple & le quadruple pour ceux qu'ils tiroient d'Angleterre.

En 1714 ou 15, mon pere inſtruit de ces faits, prit le parti d'apporter à Paris une certaine quantité de Reſſorts, dont il ſe défit très-avantageuſement: à peine fut-il arrivé, que Mrs. Gaudron, Maſſon, le Roi, & pluſieurs Horlogers l'engagerent à reſter à Paris, & à y faire venir des ouvriers de Londres, ce qu'il fit.

En 1719, mon pere quitta Paris pour avoir la conduite d'un nombre conſidérable d'Anglois, qui faiſoient des ſerrures, de la taillanderie, des limes, de l'acier, &c. manufacture, que ſon Alteſſe Royale le Duc Régent, établit près du Havre, & qui étoit de la plus grande conſéquence pour la quincaillerie de France: mais à la mort du Régent, ſon protecteur, tout fut abandonné auſſi-bien que la manufacture de Verſailles, celle de draperie, en Normandie, & d'autres établiſſemens que ce pere des arts & des ſciences avoit formés avec beaucoup de peines & de dépenſes. Malgré ce coup fatal pour la France, on a profité des débris qui ont mis l'horlogerie & la draperie ſur un auſſi bon pied qu'on les voit à Paris & en Normandie; deux des ouvriers de mon pere s'établirent ſéparément. Telle eſt l'époque de la Manufacture de Reſſorts de Montres à l'Angloiſe en France, qui mit fin à la maniere de travailler à la Françoiſe; cependant les Reſſorts de Pendules ſe fabriquoient toujours à l'ordinaire avec de mauvais acier, mal travaillé, mais de bonne forme.

En 1727, mon pere de retour à Paris, y établit une Manufacture de Reſſorts de Montres: deux ans après il fit venir des lames d'acier de Stirie pour faire des reſſorts de Pendules, qui, avec la préciſion & les principes du travail des Reſſorts de Montres, joints à la qualité de l'acier, furent les plus parfaits qu'on ait faits en Europe; auſſi mon pere en eut-il un débit conſidérable.

Le grand débouché des Reſſorts de Montres & de Pendules, joint à celui des Reſſorts que j'avois imaginés pour retenir les Deſcentes, fit réſoudre mon pere en 1733, d'établir des moulins à eau pour les forger & les polir &c. & dans la ſuite j'y fis preſque toutes les additions de machines & d'outils néceſſaires pour accélérer & perfectionner l'ouvrage.

Voilà en général ce que je ſais du commencement & des progrès de la Fabrique des Reſſorts de Montres & de Pendules. Dans la deſcription de ces arts, on verra par quels moyens on eſt parvenu à donner à l'acier les qualités propres à le rendre une force motrice, dont on ſe ſert pour diviſer, avec préciſion, le temps en parties égales.

L'ART

L'ART

DE FAIRE LES RESSORTS

DE MONTRES.

SECTION I.

Cet Art renferme tant de Manœuvres differentes, qu'on n'en peut rendre un compte fidéle, qu'en suivant l'ordre de chaque opération, selon qu'elles se succédent les unes aux autres, ce qui m'oblige à des répétitions nécessaires à la clarté du sujet; mais je me bornerai à celles qui sont absolument indispensables pour rendre mon ouvrage intelligible.

SECTION II.

Pour faire de bons Ressorts de montres, il faut prendre de l'Acier d'Angleterre le plus parfait que faire se peut, le forger en verges rondes, (Pl. I. Fig. 1.) de 5 ou 6. pieds de longueur & d'environ 2 lignes de diamétre; on fait recuire ces verges dans un feu de bois, parce que ce feu rend l'acier plus doux que tout autre chauffage. Le charbon de bois est moins bon; mais celui de terre est le dernier dont on doive se servir, parce que sa qualité sulphureuse empêche les métaux d'acquerir toute la malléabilité dont ils sont susceptibles. *Planche. I. Fig. 1.*

SECTION III.

Quand on cuit l'acier, n'importe avec quelle espece de chauffage, il faut observer attentivement de ne pas trop le chauffer, parce que la trop grande chaleur le rend cassant, mais la bonne & la prompte cuisson se fait ainsi. On prend 8 ou 10 Verges d'acier sortant de la forge, que l'on bride avec du fil de fer pour en faire un paquet, (Fig. 2.) Ensuite on place dans l'âtre de la Cheminée deux buches paralleles, distantes l'une de l'autre de 2 ou 3 pouces, & garnies d'un peu de braise dans le fond sur les cendres, après quoi on couvre les deux buches avec une autre plus petite. Quand le feu est allumé, on met un bout du pacquet de verges bridées entre les deux buches, aux trois quarts de leur longueur; quand un bout aura été rougi & qu'il *Fig. 2.*

ſera devenu de la couleur d'une cerise qui n'eſt pas trop mûre, il faut tirer hors du feu la moitié de la partie rougie, & ainſi laiſſer chauffer & rougir la partie qui a été pouſſée dans le feu, & par degré le tout ſe trouvera cuit. (1)

SECTION IV.

L'acier étant refroidi, on le plie avec les mains en cercles ſpirals ou irréguliers (Fig. 3.) pour en faire tomber l'écaille; ſi cette opération ſe fait difficilement, l'acier eſt plus dur qu'il ne faut; & ſi l'ecaille qui tombe en eſt épaiſſe & que le fond reſte tacheté d'un blanc d'étain, c'eſt la marque qu'il a été trop pouſſé en chaleur: ſi au contraire l'écaille tombe mince, & que le fond de l'acier reſte noir, c'eſt qu'il aura été rendu auſſi mou que ſa nature le permet.

Fig. 3.

SECTION V.

Planche I. Fig. 4.

Les Verges d'acier étant redreſſées, il faut les frotter de cire jaune pour les faire paſſer à la filiere par le moyen d'un banc à tirer. (Pl. I. Fig. 4.) A meſure que ces verges paſſent par des trous, elles s'échauffent: il faut profiter de cette chaleur pour les recirer afin de les faire paſſer par un autre trou plus petit, & ainſi à meſure que le fil d'acier ſort de la filiere, il devient plus menu, dur, & caſſant; il faut alors le recuire, l'ecailler, le cirer & le retirer au banc de trou en trou, juſqu'à ce qu'il devienne du calibre dont on le deſire. Cette opération s'appelle, tirer l'Acier à la filiere; elle demande quelquefois trois ou quatre cuiſſons & quelquefois plus à raiſon de l'épaiſſeur de l'acier forgé & de la petiteſſe dont l'on veut avoir ſon fil. L'experience a montré qu'il ne falloit pas forcer l'acier en le tirant à la filiere & qu'il valoit mieux faire l'opération en trois fois ſans efforts, que de la faire en deux fois en le forçant, parce que l'on riſque de le caſſer, & que d'ailleurs, en le forçant on fait gratter le trou de la filiere, ce qui rend le fil rude, au lieu qu'il doit ſortir doux & uni.

SECTION VI.

Planche I. Fig. 4.

Le banc à tirer doit être fait avec un Volant à quatre ailes, comme (Fig. 4. Pl. I.) On doit ſe ſervir d'une corde attachée d'un bout à l'anneau de fer & de l'autre à l'arbre du Volant; ſur cet arbre doit s'envelopper la corde. Les ouvriers en reſſorts ne doivent pas ſe ſervir de ſangles comme les orfévres pour tirer au banc, parce que la ſangle eſt trop diſpendieuſe & qu'elle augmente la réſiſtance à meſure qu'elle ſe roule ſur elle-même.

(1) Si l'on eſt obligé de ſe ſervir d'Acier d'Allemagne pour faire des reſſorts, on peut lui donner un peu plus de chaleur à la cuiſſon ſans le gâter, mais cela occaſionnera plus d'ecailles, cet Acier étant foible de corps.

SECTION VII.

Toutes les filieres pour tirer l'acier doivent être faites d'acier lopiné (2) & en plaques oblongues depuis deux, jusqu'à six lignes d'épaisseur & de 6, 8, ou 10 pouces de longueur.

SECTION VIII.

Le lopin étant réduit à la figure & à la dimension que je viens d'indiquer, il faut tracer la plaque & marquer les places où l'on veut faire les trous, après quoi on la fait rougir à la forge pour pouvoir percer aux trois quarts les trous avec un poinçon camu, comme (Fig. 5.) Cette opération faite il faut la mettre dans un feu de bois qu'on laisse consumer, ce qui la rend facile à être poinçonnée à froid avec un poinçon à peu près de même angle que celui avec lequel on l'a percé à chaud; mais comme il doit être emploié à froid, sa pointe doit être plus correcte. En le frappant avec le marteau on doit tourner ce poinçon à chaque coup, par ce moyen les trous deviennent ronds & aussi justes qu'on le desire; après cela il faut recuire la plaque de nouveau & ensuite percer les trous d'outre en outre avec un foret, (Fig. 6.) d'un calibre plus petit que celui du fil que l'on veut tirer. *Planche I. Fig. 5. Fig 6.*

SECTION IX.

Quand tous les trous sont percés, il faut y passer l'eccarissoir, (Fig. 7.) à quatre ou à plusieurs pans, suivant que l'on veut aller vite, & faire les trous bien ronds. Les eccarissoirs les moins nombrés en pans, aggrandissent les trous plus vite & les font moins ronds; les plus nombrés en pans au contraire les font plus ronds & les ouvrent plus doucement. Quand les trous sont de la grandeur dont on les veut, il faut y mettre le poinçon, qu'on nomme alors dégorgeoire (Fig. 5.) & lui donner quelques coups de marteau pour adoucir & ouvrir un peu l'entrée du trou, ainsi qu'on le voit dans la coupe d'une filiere cassée, (Fig. 8.) *Fig. 7. Fig. 5. Fig. 8.*

SECTION X.

La filiere étant préparée comme il a été dit, il faut prendre une poignée de suie d'une cheminée où l'on a brulé du bois, la délayer avec de l'urine & la rendre de la consistence d'une bouillie bien claire, à laquelle on joindra une Cuillerée de farine. (Cette composition se nomme pacquet, parce que l'on enduit de cette matiere l'acier ou le fer que l'on veut tremper avec soin.) Cette pâte étant préparée, l'on chauffe la filiere, on en enduit sa surface, & on la laisse sécher. La farine sert à rendre cette composition

(2) J'indiquerai dans l'art de faire le fil de Pignon ce que c'est qu'un lopin & la maniere de le faire.

plus collante & par conféquent plus propre à s'attacher à l'acier que l'on veut tremper fans l'encaiffer, & la fuie jointe à l'urine ont des qualités néceffaires pour convertir le fer en acier. Ces matieres garantiffent la furface de l'acier de la trop grande action du feu, & l'empêche de s'écailler & de devenir ferrugineux. Chaque ouvrier adopte un fecret ou un autre pour tremper, & le garde très myfterieufement; mais comme je les connois prefque tous, j'indique le plus fimple pour éviter la longueur des préparations que la trempe en pacquet demande; les autres fecrets ne valent pas mieux que la méthode que je viens de tracer. La trempe en pacquet n'a été imaginée que pour donner de la dureté à la furface du fer & la convertir en acier & lui donner par la trempe dans de l'eau froide affez de dureté pour que la lime n'y puiffe mordre. Je préfume que cette découverte nous a procuré l'art de convertir totalement les barres de fer en acier; art plus important que tous ceux que les hommes ont cultivé, après s'être donné du fer, puifque fans l'acier on ne peut faire aucun outil, dont le nombre eft infini & indifpenfable dans tous les arts.

SECTION XI.

Quand la drogue fera bien féchée, il faut mettre la filiere au feu & la couvrir de charbon de bois, qui eft préferable à celui de terre, fur tout en France, où l'on fe fert d'acier ferrugineux d'Allemagne, qui ne prend pas la dureté que la trempe doit donner, fans beaucoup de précautions. Auffi-tôt que la filiere aura pris la couleur d'une cerife qui n'eft pas bien mure, il faut la prendre par le bout avec des tenailles, comme dans la (Fig. 9. Pl. I.) & la tremper dans l'eau la plus froide & la plus dure.

Planche I. Fig. 9.

SECTION XII.

Pour favoir fi l'opération de la trempe a bien réuffi; c'eft-à-dire, pour connoître fi l'acier aura pris toute la dureté dont il eft fufceptible, il faut l'effayer en le frottant avec une lime d'Angleterre. Si la lime n'y mord pas & qu'elle gliffe en rendant un fon clair, l'acier eft bien trempé; fi au contraire la lime prend & y fait des traits, c'eft une marque que la trempe eft manquée. Lorfque la filiere eft bien trempée, il faut la frotter avec du grais ou de la brique pour la blanchir, en prenant garde de ne pas la falir avec la tranfpiration de la main, après quoi, on la met fur un feu de braife: En peu de tems elle prend la couleur de citron pâle, après le jaune, enfuite l'orange, puis la couleur rouge, enfin le pourpre & le bleu; alors il faut retirer la filiere de deffus le feu, & la tremper dans de l'eau froide pour que la couleur ne paffe pas outre. Les Taillandiers nomment cette opération *recuir* après la trempe; les Horlogers difent *revenir*, & les Anglois *temperer* l'acier après l'avoir durci.

SEC-

SECTION XIII.

L'Acier étant tiré en fil, on le coupe d'une longueur proportionnée à celle des ressorts qu'on veut avoir, en observant qu'il doit avoir un pouce de moins, parce qu'il s'allonge en le forgeant, ensuite on les met en bottes pour les cuire dans un feu de bois. Quand le fil est cuit, on forge chaque brin avec un marteau à tête presque platte, mais qui ne le soit pourtant pas trop, parce que l'on ne pourroit guéres dresser l'ouvrage sans marquer l'enclume la plus dure, ce qui arriveroit aussi aux ressorts, & les rendroit sujets aux craques; & si la tête du marteau étoit trop ronde, on feroit des bosses sur les bords, ce que les ouvriers appellent tetons ou dents. Le fil étant une fois forgé, il faut le recuire, l'écailler & le reforger de nouveau, & ainsi en le recuisant & le reforgeant trois ou quatre fois sur une enclume A. (Fig. 1. Pl. II.) avec un marteau B, on a de petites lames d'acier propres à faire des ressorts de montres.

Planche II. Fig. 1.

SECTION XIV.

Je ne sais à quel tems fixer l'époque où l'on a trouvé la maniere de faire les lames des ressorts de montres avec du fil tiré, mais ce que je sçais de particulier de cette maniere d'operer, c'est qu'elle a donné pendant un demi siecle aux ressorts Anglois une égalité dépaisseur supérieure à tout ce qui se faisoit en Europe. Depuis quarante ans on a trouvé des outils, qui donnent une égalité si parfaite, qu'on pourroit se passer de tirer en fil, si la routine des ouvriers ne les empêchoit pas de se départir de la méthode de préparer leur Acier en fils ronds, pour les forger ensuite.

SECTION XV.

Les lames étant forgées de l'épaisseur convenable, il en faut prendre une, la monter dans les limes, les deux bouts pris dans les tenailles, comme on le voit à la (Fig. 2.) Ces limes sont montées sur un établis arrêté d'un bout dans le mur & l'autre soutenu sur un pied : La Lame étant ferme dans les tenailles, un homme en tient une, & un autre tient la tenaille opposée; le premier tire à soi, jusqu'à ce que la tenaille opposée soit arrivée contre les limes; son camarade en fait autant, & ainsi en tirant alternativement, la lame devient aussi mince que l'on veut. Quand les ouvriers tirent trop vite, cela occasione des grains sur les lames, qui sont si dures, que les limes ne peuvent y mordre, ou presque point, ce qui détruit bientôt les limes. Pour éviter cet inconvénient, le maître ouvrier ne serre qu'une vis, & lâche l'autre; ensuite appuye avec ses doigts sur la lime supérieure du côté où la vis n'est pas serrée, & ainsi il fait mordre ses limes comme il le juge à propos. L'opération de tirer dans les limes fait deux biens à la fois, l'un est d'amincir la la-

Planche II. Fig. 2.

me en général, & l'autre eſt de laiſſer deux bouts plus forts que le reſte pour des raiſons que j'expliquerai dans la ſuite.

SECTION XVI.

Cette maniere de tirer dans les limes fut perfectionnée par mon Pere, en y mettant de l'huile pour empêcher les grains, & en y ajoutant des calibres pour les tirer égales ſur le plat, auſſi bien que pour les rendre égales ſur les bords. Le calibre pour tirer les reſſorts ſur les bords, ſe voit (Planche II. Fig. 3.) il a une petite fente pour laiſſer paſſer le reſſort par dedans, & il eſt de la hauteur que l'on veut que la lame ſoit large: Il faut qu'il ſoit d'acier trempé ſans le faire revenir, car autrement il s'uſe bien vite; malgré cette précaution, il faut encore le réparer de tems en tems, pour qu'il n'ait pas trop de jeu: Quand on veut le réparer, il ne faut que chaſſer les goupilles qui ne ſont que legérement rivées, on détrempe les deux joucs pour les relimer, les réajuſter & les tremper de nouveau avec du pacquet. On remet enſuite les petits bouts de reſſort d'embas pour déterminer par leur épaiſſeur le jeu du calibre & on remet les petites goupilles qu'on rive legérement. Avec ces calibres, on rend une lame d'une largeur parfaite dans toute ſa longueur. La (Fig. 5.) eſt pour faire voir une lame dans ſon calibre ſans être couvert de lime; & la (Fig. 4.) eſt pour la faire voir couverte de la lime. Un autre avantage que mon Pere a procuré à cette maniere de tirer dans les limes, c'eſt d'avoir fait faire cet ouvrage avec un homme ſeul à la place de deux par le moyen d'un chaſſis & d'une monture de tenailles, comme dans la (Fig. 6. Planche III.)

Planche II. Fig. 3. — Fig. 5. — Fig. 4. — Planche III. Fig. 6.

SECTION XVII.

a, *a*, Sont deux poupées montées ſur une barre de fer *b*, *b*, en maniere d'un tour d'Horloger; aux parties ſupérieures des poupées il y a des trous quarrés pour contenir les queues quarrées des tenailles *c*, *c*. Les extrémités de ces queues ſont tarodées pour recevoir des écrous à oreilles; la barre *b*, *b*, eſt portée par deux taſſeaux de bois *d*, *d*, qui ſont attachés à l'établi *e*, *e*, *e*.

SECTION XVIII.

Fig. 3. Le Chaſſis briſé qui porte les limes eſt la (Fig. 3.) *a*, *a*, ſont les deux bois ſur leſquels ſont montées les limes *c*, *c*, & qui tiennent les deux étriers *b*, *b*.

SECTION XIX.

Fig. 4. Pour tirer les reſſorts ſur les bords il faut mettre le chaſſis (Fig. 4.) ſur la
Fig. 5. barre de la (Fig. 5.) enſuite paſſer une lame dans le Calibre *e*, & on attache ſes deux bouts dans les tenailles *c*, *c*, dont les queues quarrées ſont dans les trous quarrés des poupées *a*, *a*. Ces tenailles ſont tournées ſur les quarts qui

les tient de champ ; alors on bande le reſſort par le moyen des poupées qu'on fixe au point qu'il faut en ſerrant la vis de la poupée *a* avec la clef *g*. Enſuite il faut tourner les écrous à oreilles des tenailles pour fixer la bande de la lame. (On ne doit pas le faire trop, & les maladroits caſſent quelquefois les lames). On met enſuite un peu d'huile ſur la lame, & l'homme pouſſe ſon chaſſis juſqu'à ce qu'il touche une tenaille, & après le retire pour faire toucher l'autre, & ainſi alternativement en faiſant aller & venir les limes juſqu'à ce qu'elles ne mordent plus & que le reſſort ſe trouve de la hauteur du Calibre : Dans cette opération, on ſe paſſe de vis, les mains ont aſſez de force pour ſerrer les limes l'une contre l'autre, & de plus ſans les vis on va plus vite & ſans tant uſer les limes, mais le reſſort n'eſt pas d'une largeur ſi exacte qu'en ſe ſervant de vis.

SECTION XX.

Les lames de reſſort étant faites ſur les bords, il faut déviſſer les tenailles d'avec les poupées & les changer de quarts pour tirer ces lames à plat, comme dans la (Fig. 5. Pl. III.) où le reſſort & les tenailles ſe voyent placés horizontalement. Les tenailles étant ainſi en état, l'ouvrier prend le chaſſis, (Fig. 3.) où il y a de meilleures limes que celles qui ont ſervi à tirer ſur les bords, & le met ſur la barre *b b*. (Fig. 5.) Il paſſe en ſuite deux petits bouts de lame de reſſort entre les limes auprès des étriers pour ſervir de calibres à ceux qu'il va tirer ; alors il fait entrer une lame entre les limes, attache les deux bouts avec les tenailles, & la bande, comme il a fait en tirant ſur les bords ; après quoi il met de l'huile ſur ce reſſort, pouſſe & retire ſon chaſſis quelques coups pour étendre l'huile ſur les limes & après avoir tourné les vis des étriers *b b*. (Fig. 3. Pl. III.) pour faire mordre les limes, il continue de pouſſer & de tirer, juſqu'à ce que la lame ſoit de l'épaiſſeur des calibres. Cette opération de tirer avec des calibres viſſés donne une grande égalité à une lame & rend tout à fait inutiles les peines que l'on ſe donne à tirer au banc l'Acier en fil rond.

Planche III. Fig. 5. Fig. 3 Fig. 5. Planche III. Fig. 3.

SECTION XXI.

Les lames de reſſorts ayant été tirées dans les limes, on les ſéche avec de la cendre & on les eſſuye pour ôter toute la craſſe ; en ſuite on lime les bouts qui ont été dans les tenailles, d'égale largeur avec le reſte de la lame ; pour voir ce qu'il faut limer, on prend le calibre étagé & numeroté (Fig. 2. Pl. III.) pour y paſſer les bouts & voir leur largeur. Après cela on met la lame dans un étau, comme (Fig. 7. Pl. III.) pour limer la partie trop large ſur le bord ; on la tourne & on en fait autant à l'autre bord juſqu'à ce que le bout paſſe dans le calibre ; on lime également l'autre extrémité, & on finit par-là de rendre la lame de la largeur qu'il faut ; mais les parties limées à la main, ne ſont pas à beaucoup près ſi correctes que ce qui a été limé dans le Chaſſis avec les calibres.

Planche III. Fig. 2. Planche III. Fig. 7.

SECTION XXII.

Planche III. Fig. 1. Après l'opération précédente, il faut mettre un bois à limer (Fig. 1. Pl. III.) dans l'étau pour ôter la barbe que l'on vient de faire aux bouts des ressorts qu'on a limé à la main: Cela se fait en tenant la lame de la main gauche, que l'on pose sur le bois, & avec la main droite on tient une lime, que l'on passe sur le plat en inclinant un peu sur les bords; on nomme cette manœuvre, ébarber en tirant de long: Pour faire cette opération avec plus d'exactitude on la passe une fois ou deux dans les grands plombs, qui seront décrits ci-après.

SECTION XXIII.

Toutes les lames étant ainsi limées, l'on en prend une que l'on bride tout
Planche IV. Fig. 1. du long avec du fil de fer recuit, (Planche IV. Fig. 1.) il faut ainsi brider la moitié des lames; ensuite prendre la plus longue non bridée, & attacher ses deux bouts ensemble l'un contre l'autre avec du fil de fer pour en former un cercle: Après cela il faut mettre deux lames, l'une bridée & l'autre non bridée & les mettre dans le cercle déjà fait avec la lame non bridée: On doit observer en remplissant ce cercle avec des lames bridées & non bridées, que ces derniers ne se touchent point, & ainsi de mettre deux lames, bridées & non bridées l'une sur l'autre, jusqu'à ce que l'on voye le cercle intérieur de-
Planche IV. Fig. 2. venir de près de quatre pouces de diametre comme (Fig. 2. Planche IV.) il ne faut pas faire ce cercle trop petit pour des raisons que je donnerai en son lieu. Toutes les lames que le premier cercle a pu contenir font une figure
Fig. 2. comme celle marquée (Fig. 2.) qui est attachée exterieurement avec du fil de fer recuit pour contenir le tout ensemble.

SECTION XXIV.

Cette maniere de préparer ou de brider les Ressorts pour la trempe, si differente de l'ancienne, & si importante pour bien tremper, est due à mon Pere, & tous les ouvriers en ressorts l'ont adoptée parcequ'elle épargne beaucoup de peine & donne plus de perfection.

SECTION XXV.

Tous les Ressorts étant préparés en paquets en cercle comme je viens de le décrire, il faut faire du feu dans le fourneau à tremper qui est fait comme un four, avec une cheminée de la moitié d'une brique de largeur. Il y a bien des manieres de faire ces fourneaux, mais je me bornerai à indiquer la plus simple, la plus œconomique & la meilleure; comme cela a toujours été mon
Planche IV. Fig. 3. but dans tout ce que j'ai fait faire. Ce fourneau de brique est dans la (Planche IV. Fig. 3.) A A est le massif, B B est le corps du fourneau, C C est la porte ou geule, D D est la cheminée, E E sont des ventouses pour y don-

donner de l'air; la cheminée & les ventouſes ſe ferment plus ou moins ſuivant le beſoin, la premiere avec une brique ou plaque de fer & la derniere avec de la cendre.

SECTION XXVI.

La roue de fer pour tremper, eſt un inſtrument de grande conſéquence pour cet uſage; par ſon moyen on eſt en état de faire chauffer des Reſſorts très également. Cette roue eſt de l'invention de mon Pere; je me ſouviens d'avoir vu, il y a environ 50 ans tremper les reſſorts un à un pliés en petits cercles d'environ trois pouces de diametres, ce qui les mettoient en danger de caſſer dans les differentes opérations avant de les faire revenir. Cette roue eſt faite comme dans la (Fig. 4.) A eſt le manche, b, b, b, eſt le cercle ſur quoi ſont rivés les rayons c, c, c, c, c, c, *d* eſt le moyeu auquel ſont attachés les rayons de la roue; ce moyeu tourne autour d'un tourillon ou petit eſſieu d'environ un pouce & demi de long; les bouts des rayons débordent le cercle pour avoir dequoi pouſſer contre & tourner la roue quand elle eſt chaude. *Fig. 4.*

SECTION XXVII.

Tout étant ainſi préparé pour la trempe, on met une Chaudiere (Fig. 6.) pleine d'huile à la gauche de l'ouvrier, il faut faire du feu dans le fourneau avec du Charbon de bois; on y peut mettre quelques morceaux d'éclats de bois pour accélerer le chauffage; il faut attendre que le fourneau ſoit à ſon véritable degré de chaleur; alors on mettra la roue dans le fourneau pour qu'elle prenne la chaleur qu'il faut; ce qui ſe voit par la couleur que la roue prend, qui doit être de même que celle du fourneau. La fumée ou la vapeur étant appaiſée de maniere à voir clair dans le four, il faut ſur le champ couvrir avec une brique la Cheminée D. & boucher avec de la cendre les ventouſes E E. & retirer du feu la roue (Fig. 4.) pour y mettre le pacquet de reſſorts, (Fig. 2.) comme on le voit à la (Fig. 5.) Puis on remet la roue dans le fourneau en tenant ſon manche A. d'une main qu'il faut faire appuyer ſur le fermant de la porte du fourneau; on péſe un peu deſſus pour faire élever la roue dans le four, & avec l'autre main qui tient une Verge de fer N, il faut pouſſer contre les bouts des rayons de la roue, ce qui la fait tourner; par ce moyen toutes les parties du pacquet deviennent d'égale chaleur; alors il faut retirer la roue du fourneau & renverſer ſur le champ dans l'huile le pacquet de lames, qui dès ce moment ſont des reſſorts par l'elaſticite extraordinaire que la trempe leur a donnée. Il faut prendre garde de ne pas laiſſer l'Acier dans le feu quand une fois il aura pris la chaleur qui convient pour tremper, parce que l'écaille s'y mettroit, & de plus en altéreroit la qualité. Après cette opération, on remet promptement un autre pacquet dans la roue avant qu'elle perde ſa chaleur, & ainſi de pacquet en pacquet on finit la trempe de tous les Reſſorts.

Planche IV. Fig. 6. *Fig. 4. Fig. 2. Fig. 5.*

L'on ſent bien qu'en mettant continuellement des corps froids dans le fourneau, ſa chaleur ſe rallentit à meſure; pour éviter cet effet, il faut y jetter de tems en tems une poignée de charbon de bois & en ouvrir la Cheminée & les ventouſes, ſi l'on voit que le feu a beſoin d'air pour ſe ranimer. C'eſt au maître ouvrier à juger de la grandeur des ouvertures qu'il faut faire pour laiſſer paſſer l'air & la fumée; ſi elles ſont trop grandes, le fourneau prend trop de chaleur; ſi au contraire il n'ouvre pas aſſez, le charbon froid ſera trop longtems à donner la chaleur que l'on veut avoir.

SECTION XXVIII.

Une autre obſervation fort néceſſaire à un Artiſte, c'eſt qu'il doit veiller fort attentivement à ce que l'Acier ne prenne pas un trop grand degré de chaleur, parce que cela altere la qualité de l'Acier. Il eſt inutile de s'attendre qu'il revienne au véritable point en laiſſant diminuer la chaleur du fourneau; le ſeul parti à prendre dans ce cas, eſt de retirer le pacquet du feu, de le laiſſer refroidir totalement & d'attendre que la Chaleur du fourneau & de la roue ſoit au point qu'il faut pour recommencer à chauffer ce pacquet.

SECTION XXIX.

Lors qu'on veut ſavoir ſi la trempe eſt bonne, il faut débrider un rond, & en tirer un reſſort, l'eſſuyer & enſuite le frotter avec une bonne lime; ſi elle mord, l'acier n'eſt pas dur, mais ſi la lime gliſſe, le reſſort eſt trempé. Pour connoitre ſi l'acier a été bien chauffé il faut eſſuyer un Reſſort proprement, en caſſer en ſuite un bout, & en examiner le grain avec un microſcope; ſi le grain eſt fin & mat, il a été bien chauffé; ſi au contraire le grain paroit gros & luiſant, il faut conclure que l'acier a eu trop de chaleur. On remarque après la trempe que l'acier le plus foible de corps eſt plus ſujet à former des écailles au deſſous deſquelles paroit une Couleur d'etaim. L'Acier le plus fort de corps au contraire ne donne preſque point décailles, & conſerve une couleur noiratre.

SECTION XXX.

Les Reſſorts étant trempés, il faut les débrider, & les paſſer enſuite à la cendre chaude pour les dégraiſſer & les eſſuyer, après quoi on en fait des pacquets de 18 ou 20 lames que l'on attache adoſſées l'une contre l'autre comme dans la (Fig. 1. Pl. V.) les plus courtes en dehors, & les plus longues en dedans, après quoi on continue de brider le pacquet dans toute ſa longueur, le fil de fer fort écarté, comme on le voit (Fig. 2.) afin de donner la facilité de blanchir les bords avec de la brique ou du grès; on prepare ainſi toute les parties trempées, pour les fixer dans cet état bridé; on chauffe le fourneau & on y met le pacquet que l'on fait revenir jaune ſur la roue à tremper. Ceux

Planche V. Fig. 1. Fig. 2.

qui n'ont pas de fourneau aſſez grand pour cette opération doivent allumer du charbon de bois dans un fourneau de terre, (Fig. 3. Pl. V.) ſur lequel il y a une plaque de fer *a*, *a*. Pour connoitre ſi la plaque eſt aſſez chaude, on la frotte avec une lime qui y fait des traits blancs; ſi la chaleur eſt aſſez grande, ces traits deviennent bleus en peu de tems, alors on y met un bout du pacquet: (Fig. 2.) A. meſure que la couleur avance, il faut pouſſer ce pacquet juſqu'à ce que le tout ſoit jauni; on peut même pouſſer juſqu'à la couleur d'Orange ſi l'acier eſt fragile; mais il ne faut pas paſſer cette couleur pour ne pas nuire à l'opération ſuivante. *Planche V. Fig. 3. Fig. 2.*

SECTION XXXI.

Quand tous les reſſorts ſont fixés, il faut alors faire de plus grands pacquets; mettre les plus longs dans le milieu, comme je l'ai dit, & de façon qu'ils ſoient de même longueur autant que faire ſe pourra. Un pacquet de cette eſpece doit en contenir trois ou quatre douzaines: à chaque côté du pacquet il faut mettre des lames moles un peu épaiſſes, afin de défendre les reſſorts de la forte compreſſion du fil de fer dont ils ſont bridés. Le pacquet étant fait, il faut l'attacher à cinq ou ſix endroits, comme (Fig. 4.) alors il faut frotter de nouveau les bords avec du grès ou de la brique; cette derniere matiere eſt la meilleure, parceque la poudre qui s'en détache abſorbe la graiſſe, ou la ſueur des mains de ceux qui tiennent les pacquets, & que cette graiſſe occaſioneroit de fauſſes couleurs, qui pourroient induire en erreur l'ouvrier. *Fig. 4.*

SECTION XXXII.

Tous les reſſorts de la trempe étant mis en pacquets, comme, (Fig. 4. Pl. V.) il faut prendre une longueur de gros fil de fer recuit, dont on met un bout dans un étau, & de l'autre on commencera à envelopper le gros bout du pacquet en bien bandant le fil, & l'on continuera juſqu'à ce que tout le pacquet ſoit bridé comme en (Fig. 5.) Il faut faire attention de n'avoir pas les mains ſuantes quand on fait ces pacquets en dernier lieu, parce que cela empêcheroit la vraie couleur de paroître. *Planche V. Fig. 4. Fig. 5.*

SECTION XXXIII.

Les préparations précédentes étant finies, il faut mettre un pacquet dans le four pour le faire revenir de la couleur que l'on deſire; ou ſi l'on n'a pas de fourneau aſſez grand, il faut comme je l'ai déjà dit le faire paſſer ſur le fer *a*, *a*, du fourneau (Fig. 3.) en commençant par faire revenir à un bout la couleur que l'on veut, & la continuer juſqu'à l'autre. Cette opération eſt de la plus grande conſéquence pour la bonté des reſſorts, auſſi l'ouvrier doit y faire la plus grande attention, puiſque le plus ou le moins de couleur fixe le degré d'elaſticité. *Fig. 3.*

Afin de connoître la vraie couleur du revenu, que l'acier doit avoir pour faire un aussi bon ressort que sa qualité le permet, il faut prendre des bouts de lames trempées & les blanchir, ensuite en faire revenir un de couleur pourpre: cela fait on le plie sur une pince ronde, (Fig 1. Pl. VI.) si la lame casse, (ce qui est ordinaire à cette couleur) il faut la chauffer d'avantage & pousser en couleur jusqu'au bleu; si elle casse encore, il faut la pousser au bleu blanc, au gris, de la couleur de cuivre jaune sale, de cuivre rouge pâle, de cuivre rouge foncé, enfin à la couleur d'ardoise. Si le bout continue à casser il faut en conclurre que cet acier n'est pas propre à faire des ressorts. Aussi après les épreuves de ces differentes couleurs, l'acier n'a plus de vrai signe pour reconnoître son degré de revenu, de cuisson ou de température après la trempe; car on ne peut regarder comme des moyens de s'en assurer les épreuves grossieres de faire flamber de l'huile ou du suif dessus; ou de voir dans l'obscurité si l'acier prend quelques teintes rouges qui puissent donner de la lumiere.

Planche VI. Fig. 1.

SECTION XXXIV.

En général l'acier de Styrie demande moins de revenu que celui d'Angleterre, & il ne doit pas ordinairement être poussé plus loin qu'au bleu pâle pour être bien élastique & non cassant; mais de tous les Aciers, le meilleur est celui que l'on fait en Angleterre avec le fer de Suéde. Les opérations qui vont suivre feront voir encore mieux les qualités que doit avoir l'acier propre à faire de bons ressorts de montres.

SECTION XXXV.

L'Opération de brider fortement ensemble une quantité de ressorts pour les faire revenir, a deux fins: La premiere est de les faire bien joindre, afin qu'ils se communiquent réciproquement leur Chaleur & rendent par-là le revenu plus égal: La Seconde, est de presser fortement les lames les unes contre les autres, & de les rendre plus plattes qu'il est possible de le faire au marteau; aussi cette manœuvre a-t-elle exclu l'usage de planer avec un marteau, & on ne doit s'en servir après la trempe que pour ce que l'on nomme dresser. Cette méthode de faire revenir les ressorts est encore de l'invention de mon Pere.

SECTION XXXVI.

Les ressorts étant trempés & revenus, on les débride; alors on les trouve plus plats qu'on n'auroit pu les rendre avec le marteau, mais ils ne sont pas toujours aussi droits qu'il le faut sur le tranchant. Pour le redresser, on se sert d'un marteau plus leger que celui qui sert à les forger & qui doit aussi avoir une tête plus ronde; & comme chaque ressort est mince & trempé; il est impossible de le forger sur le tranchant en le faisant porter à faux sur l'en-

clume.

clume. Pour réuſſir donc à le dreſſer on le prend de la main gauche pour le faire porter à plat ſur l'enclume, (Fig. 3. Pl. VI.) & avec le marteau dans la main droite on le frappe à petits coups ſur le plat de la courbure intérieure AA. (Fig. 2.) en prenant garde de ne pas toucher la tranche de la courbure extérieure.

Planche VI. Fig. 3. Fig. 2.

SECTION XXXVII.

Quand on aura dreſſé toute la partie des reſſorts que l'on veut finir, il faut la blanchir avec de l'huile & de l'emmeril dans les grands plombs. (Fig 1. Pl. VII.) Cette opération eſt eſſentielle pour deux raiſons. La premiere pour ôter la craſſe & le peu d'écailles qui ſe forment ſur les plats des reſſorts quand on les trempe. La ſeconde pour ôter la couleur que le premier revenu leur a donné, afin que la couleur du ſecond ſe diſtingue bien.

Planche VII. Fig. 1.

SECTION XXXVIII.

Ce qui a donné occaſion au ſecond revenu qu'il faut faire aux reſſorts, c'eſt qu'après les avoir bien dreſſés au marteau & les avoir poli, le bluiſſage les faiſoit devenir courbes, pas tout à fait autant qu'à la ſortie du premier revenu, mais cependant aſſez pour faire un mauvais effet. En le voyant, mon Pere jugea que cela ne pouvoit venir que du peu de coups de marteau que les lames recevoient en les dreſſant, & que c'étoient les parties qui n'en avoient point reçu qui tiroient les autres, quand les lames revenoient au degré de chaleur que le revenu leur avoit donné; il conclut de-là, qu'il falloit les blanchir, les mettre en pacquet, les brider de nouveau, & les faire revenir une ſeconde fois, ce qui réuſſit au mieux; les lames devinrent plus plattes & moins courbes, à cauſe de la gêne où elles étoient par ce ſecond bridage.

SECTION XXXIX.

Après cette opération du ſecond revenu, mon Pere fit redreſſer de nouveau les reſſorts avec un marteau à tête moins ronde, afin que chaque coup couvrit plus de ſurface; auſſi cela lui réuſſit-il très bien & le premier reſſort qu'on bluït pour finir ſe trouva parfaitement droit.

SECTION XL.

Ce ſecond revenu eſt cauſe qu'il faut donner le premier moins fort pour laiſſer quelque choſe à faire au ſecond. En obſervant cette marche, les reſſorts ſont plus droits & plus plats que ſi l'on s'étoit donné toutes les peines poſſibles à la premiere fois.

SECTION XLI.

Les reſſorts étant revenus pour la ſeconde fois, on les met dans l'étau pour reparer ſur les bords les petits accidens que les coups de marteau peuvent avoir occaſioné, & pour rendre auſſi le bout qui doit être appliqué ſur l'arbre du barillet un peu plus étroit que le reſte.

SECTION XLII.

Il eſt bon de remarquer qu'un étau, pour un artiſte en reſſorts doit avoir les Machoirs longues, égales & d'une taille douce pour que le Reſſort tienne dans toute la longueur de la pince & qu'une taille rude n'y faſſe pas d'impreſſion & ne le rende pas caſſant ſur tout s'il eſt mince.

SECTION XLIII.

Quand les reſſorts ſont limés ſur les bords, il faut les limer ſur le plat, pour leur donner la forme en fouet qui eſt néceſſaire; on en rendra raiſon dans ſon tems: Cette opération ſe fait ſur un bois dans un étau. On y attache le reſſort avec des tenailles à vis, comme à la (Fig. 4. Pl. VI.) enſuite on lime ce que l'on veut à pluſieurs repriſes, en tâtant pour voir qu'il ne s'y faſſe point d'inégalité ſoudaine, chaque fois que l'on change de place; & ainſi par degré, on lime le reſſort plus mince à un bout qu'à l'autre; on laiſſe environ un pouce & demi ſans être touché, pour une raiſon que je donnerai dans ſon tems. Cette manœuvre de limer le reſſort ſur le plat eſt peut-être la plus délicate que l'on puiſſe faire dans les ouvrages métalliques; n'y ayant point d'inſtrumens propres à indiquer les gradations néceſſaires, on ne peut ſe ſervir que du tact & du balancement de la lame ſur les doigts. Le coup d'œil doit diſtinguer les differentes épaiſſeurs que la lame doit avoir, qui ſe reconnoiſſent auſſi par la courbure plus ou moins reguliere. L'on ſent par-là, qu'il n'y a que le jugement, joint à une longue experience, qui puiſſe mettre un homme au fait d'une pareille opération.

Planche VI. Fig. 4.

SECTION XLIV.

Pour parvenir à ôter les petites inégalités que forme la lime, les plus habiles artiſtes font paſſer leurs reſſorts avec de l'huile & de l'emeril entre des plaques de plomb montées comme les limes de la (Fig. 2. Pl. II.) par ce moyen le reſſort perd toutes ſes boſſes & les traits des limes diſparoiſſent, mais la lame devient égale d'épaiſſeur, & il faut la retoucher de tems en tems avec une lime (la plus douce en batarde) pour continuer d'entretenir ſa diminution graduelle qui ne peut être connue qu'à peu près par le toucher en tirant le reſſort entre les deux doigts, & en apuyant avec le pouce pour ſentir les boſſes & différentes épaiſſeurs. Toutes ces opérations ſe font par degrés & demandent beaucoup de tems.

Planche II. Fig. 2.

SECTION XLV.

Pour accélerer ce travail difficile & long, j'ai imaginé une machine que j'ai apellé, les grands plombs, (Fig. 1. Pl. VII.) Pour cet effet je pris le tems que mon Pere étoit à la Campagne & je fis faire toutes les parties néceſſaires avant qu'il fut de retour (pour en avoir tout l'honneur, vanité aſſez naturelle à la jeuneſſe.) Comme les principes de la machine ſont ſimples, elle réuſſit du premier coup. En voici la description. A. eſt un établi, B. & C. ſont deux morceaux de bois, de 18 ou 24 pouces de long ſur leſquels ſont attachées deux plaques de plomb, ce qui m'a fait nommer la machine les grands plombs. D. eſt un taſſeau contre le quel on fait appuyer les bois B. & C, & les tenir en reſpect & parallélement l'un avec l'autre. E. eſt un crochet attaché par ſon extrémité opposée au taſſeau D. par une broche à tête platte *b*, le bout courbé du crochet eſt ſur une autre broche *a*; ſur le morceau de bois C. il y a un étrier de fer F. attaché avec des vis à bois: Dans l'établis il y a un trou quarré pour y mettre & attacher un autre étrier de fer de figure differente G; dans l'etrier F, paſſe le levier H. qui y eſt fortement attaché. Entre ce levier H. & l'etrier G. il y a un coin de bois I. qui a pluſieurs trous pour y mettre une goupille qui empêche le coin de ſe retirer. Au bout du levier H. eſt un poids L; M. eſt une broche, N. eſt un autre étrier en crochet, dans lequel paſſe le levier au Manche *o*, *o*. *Planche VII. Fig. 1*

SECTION XLVI.

Pour travailler avec cette machine, il faut décrocher le plomb ſupérieur C. pour mettre de l'huile & de l'emeril ſur le plomb inférieur B, après cela on remet le plomb ſupérieur C. & on le frotte contre l'autre pour pouſſer l'emeril (*) de tous côtés; on remet enſuite le crochet E. ſur la broche *a*, le coin I. ſous l'étrier G, & la goupille dans un des trous du coin I, après quoi il faut mettre le poids L. ſur le levier H. plus ou moins vers le bout ſuivant la charge que l'on veut donner.

SECTION XLVII.

Les plombs étant bien également chargés d'huile & d'emeril, il faut prendre un reſſort par le bout qui doit reſter fort & le mettre dans les tenailles, comme (Fig. 2. Pl. VII.) Il faut enſuite que la main gauche appuie ſur le manche *o*, *o*, ce qui fait ouvrir les plombs comme une machoire; & avec l'autre main qui tient les tenailles, on donne un coup de fouet à ſon reſſort pour le mettre dans la place où il pince le mieux; après quoi on ôte la main *Planche VII. Fig. 2.*

(*) C'eſt une pierre dure qui vient du Levant & de pluſieurs autres endroits de l'Europe, qui ſe pulvériſe avec des pilons & après ſe paſſe au tamis pour lui donner la fineſſe que l'on veut. On la lave lors qu'il la faut encore plus fine.

gauche de deſſus le levier *o*, *o*. & on la joint à l'autre main ſur le manche
Fig. 2. de la tenaille P. (Fig. 2.) on tire alors des deux mains & en 20 coups ou environ le reſſort ſe trouve de la diminution graduelle qui lui eſt neceſſaire.

SECTION XLVIII.

Le Lecteur ayant ſenti la maniere dont ſe fait cette opération de tirer les reſſorts aux grands plombs, il eſt bon que je lui rende compte, comment il devient plus mince par un bout que par l'autre. Il faut faire attention que les plombs ſont paralleles & qu'ils ſe touchent dans toute leur longueur; ainſi quand le reſſort eſt dans les plombs, il eſt preſſé depuis un bout juſqu'à l'autre, & par cette raiſon lors que l'ouvrier aura tiré le premier pouce hors des plombs, il aura un pouce de frottement, le ſecond pouce étant auſſi dehors, il en aura reçu deux, le troiſiéme pouce en aura reçu trois, le quatriéme de même, & ainſi chaque diviſion ſur la longueur du reſſort aura reçu autant de frottemens qu'il aura été plus de tems à paſſer dans les plombs; deſorte que ſi la lame a 24 pouces, le dernier pouce qui eſt ſorti a reçu 24 fois plus de poliſſage que le pouce qui eſt du côté de la tenaille. L'on ſent que cette maniere de donner la forme au reſſort porte une idée de correction avec elle; & l'expérience fait voir que l'on peut ſe procurer cette perfection en deux minutes quand l'ouvrier a bien préparé ſa lame: mais comme cette maniere de polir avec du gros émeril dans les grands plombs, amincit vite les lames, les ouvriers ordinaires en profitent aux dépends de la Correction de leurs ouvrages, ils changent ſouvent les bouts dans les tenailles & ils ôtent par là la bonne forme que doit avoir un reſſort, & que l'on donne en fort peu de tems par le moyen que je viens d'indiquer.

SECTION XLIX.

Comme les bons ouvriers tirent leurs reſſorts dans les limes avant que d'être trempés, il ſe trouve une longueur de deux ou trois pouces à chaque bout, plus épaiſſe que le reſte, ce qui par l'événement devient fort avantageux au reſſort, parce que l'on peut le ſaiſir par le bout mince, le paſſer 5 à 6 fois dans les grands plombs ſans en trop amincir le gros bout & par ce moyen lui ôter les traits de lime & le blanchir; on reſſaiſit enſuite le reſſort par le gros bout & on le paſſe dans les plombs juſqu'à ce qu'il ait acquis la forme qu'il doit avoir.

SECTION L.

Le reſſort étant figuré comme il doit être, il faut mettre une couliſſe faite
Planche VII. comme la (Fig. 3. Pl. VII.) dans l'étau. On place le reſſort dans cette couliſſe, on le tient de la main gauche & dans la droite on a une lime douce
Fig. 3. que l'on tire de long ſur les bords pour les arrondir; on voit la poſition de la lime

lime ſur le reſſort dans la couliſſe (Fig. 4. Pl. VII.) & on ſe ſert de cette occaſion pour diminuer la largeur du bout mince en diminuant depuis deux pouces ou deux pouces & demi de ſon extrémité. *Planche VII. Fig. 4.*

SECTION LI.

Après cette opération il faut prendre le reſſort pour le monter ſur le chasſis (Fig. 6. Pl. III.) comme pour le tirer ſur les bords entre les limes. Il faut prendre enſuite le bois (Fig. 2. Pl. VIII.) ſur lequel la pierre à huile *d*, eſt montée en ciment d'orfévre & le mettre ſur la barre *b*, *b*, du chaſſis (Fig. 6. Pl. III.) On met le bord inférieur du reſſort dans une des couliſſes de cette pierre & on le bande avec les vis des tenailles, après quoi l'on prend l'autre bois (Fig. 1. Pl. VIII.) qui a auſſi une pierre à huile *c*, ou il y a de pareilles couliſſes, dans l'une desquelles on met le bord ſupérieur du reſſort & de l'huile ſur ce reſſort. Ces pierres étant bien à plomb l'une ſur l'autre, l'on prend des deux mains, les extrémités de ces bois en les preſſant legérement & en les faiſant aller d'une tenaille à l'autre, on parvient en peu de tems à les bien polir. Avant l'invention du chaſſis (Fig. 6. Pl. III.) l'opération de faire les bords avec la pierre à l'huile étoit très longue & pénible, parce que l'on ſe ſervoit alors d'une couliſſe de bois pour ſoutenir le reſſort pendant qu'on le paſſoit à la pierre à huile. Quand le bord ſupérieur étoit fini, il falloit répéter la même opération ſur le bord oppoſé, pendant laquelle le bord poli qui étoit dans la couliſſe perdoit un peu de ſon poli par la craſſe qui ſe trouvoit dans cette couliſſe. *Planche III. Fig. 6. Planche VIII. Fig. 2. Planche III. Fig. 6. Planche VIII. Fig. 1. Planche III. Fig. 6.*

SECTION LII.

Les bords des reſſorts étant polis il faut tourner les tenailles pour leur faire tenir le reſſort à plat au lieu de champ, le remettre ſur le chaſſis & le bander, comme (Fig. 5. Pl. III.) Il faut prendre enſuite le petit plomb (Fig. 4. Pl. VIII.) & le mettre ſur la barre du chaſſis: On met ſur ce plomb de l'huile & de l'emeril fin; enſuite on place le petit plomb, (Fig. 3. Pl. VIII.) ſur le reſſort; on les prend des deux mains par leurs manches en les ſerrant bien fort pour les pouſſer ainſi d'une tenaille à l'autre alternativement; on a ſoin de remettre de l'huile & de l'emeril de tems en tems juſqu'à ce que le reſſort ſoit poli. Cette maniere de polir a l'avantage d'uſer également le reſſort, ce qui ne dérange point la forme qu'on lui a donnée dans les grands plombs, & ménage au contraire le bout fort qu'il faut pour le crochet à l'Angloiſe, ou pour la barette à la Françoiſe dont je parlerai dans ſon tems. *Planche III. Fig. 5. Planche VIII. Fig. 4. Planche VIII. Fig. 3.*

SECTION LIII.

Les reſſorts étant polis il faut les bleuir: Pour cet effet on les eſſuye avec de la cendre de bois bien ſéche, enſuite on fait du feu dans le fourneau

Planche V. Fig. 3. (Fig. 3. Pl. V.) ſur lequel au lieu de la plaque de fer, *a*, *a*, on met de vieilles limes à taille rude : Lors qu'elles ſont chaudes, on prend un reſſort de la main gauche, on en poſe une longueur d'un pouce ſur une de ces limes, & lors que cette partie aproche de la couleur que l'on veut lui donner, on en prend le bout avec une pince platte que l'on tient de la main droite ; on avance le reſſort ſur la lime avec une eſpece de balancement pour communiquer la chaleur également & rendre la couleur égale, & à meſure que les parties échauffées acquierent de la couleur, on les tire hors de la lime à l'extrémité oppoſée à celle par laquelle on a commencé. On doit préferer des limes à taille rude à une plaque unie, parce qu'elle ſaiſit moins vite & donne le tems à l'ouvrier de laiſſer avancer ſa couleur uniformement ; & pluſieurs limes lui fourniſſent la commodité de pouvoir choiſir celle dont la chaleur eſt au point néceſſaire pour bleuir également & promptement. Ce bleu ſera plus ou moins éclatant à proportion du luiſant que l'acier aura pris en ſe poliſſant ; la peinture, ni la teinture n'ont point de couleurs auſſi brillantes que celle que le feu donne à l'acier poli.

Avant 1730 l'opération de bleuir ſe faiſoit avec des fers de plombier que l'on aſſujettiſſoit dans des étaux après les avoir chauffés, & ſur lesquels on paſſoit les reſſorts : Mais outre la grande conſommation de charbon qu'occaſionoit un objet ſi mince, il ſe perdoit auſſi beaucoup de tems à chauffer & déplacer ces fers ; cependant cette méthode étoit encore moins diſpendieuſe que celle que l'on ſuit en Angleterre où l'on bleuit ſur une lame de cuivre mince ſous laquelle on allume de l'eſprit de grain, que l'on nomme vulgairement eſprit de vin.

SECTION LIV.

Après avoir terminé le bleuiſſage des reſſorts, il faut les examiner avec ſoin & lors qu'on a reconnu la face la plus nette, on les caſſe de la longueur dont on veut qu'ils ſoient, par l'extrémité la plus mince, de maniere que la petite courbure qui reſte à l'endroit caſſé ſoit tournée du côté de la face la moins nette & fixe ainſi le ſens dans lequel le reſſort doit envelopper l'arbre ſurquoi on le montera, parce que la face la plus nette doit ſe trouver en dehors, pour que les craquis, gerſures ou autres accidens ne s'ouvrent point, autrement le reſſort pourroit caſſer en le montant. On cuit enſuite ſon extrémité caſſée au feu d'une chandelle, on en fait rougir environ deux ou trois lignes, plus loin on le fait revenir couleur d'ardoiſe ; trois ou quatre lignes encore plus loin couleur de cuivre rouge ; enſuite quatre ou cinq lignes plus avant, couleur de cuivre plus pâle, enfin autant de bleu blanc : On doit en avançant & en reculant le bout de la lame ſur la chandelle fondre imperceptiblement toutes ces nuances les unes dans les autres dans la longueur d'un pouce ou deux ſuivant l'épaiſſeur du reſſort, en ſe ſouvenant que plus le reſſort eſt fort, plus le recuit du bout doit être long. Cette opération empêche la lame de ſe casser dans les premiers tours intérieurs, lors qu'on donne la forme spirale au ressort.

SECTION LV.

Quand on travaille en gros, on prend en viron 24 de ces ressorts que l'on assemble par les bouts cassés pour en faire un pacquet dont le bout doit être bridé comme (Fig. 5. Pl. VIII.) Ensuite on dérange la barre *a*, *a*, du fourneau (Fig. 3. Pl. V.) pour pouvoir poser l'extrémité du pacquet sur le charbon, le plat au feu, on laisse ainsi le bout s'échauffer, jusqu'à ce que l'on ait vu venir les couleurs ci dessus décrites en recuisant à la chandelle. Il faut bien prendre garde de ne pas se laisser surprendre par derriere; c'est à dire, que la chaleur ne doit prendre que par l'extrémité du bout & ne doit monter que par degrés en mourant environ deux pouces. Quand cette opération est faite, on voit les couleurs fondues graduellement les unes après les autres depuis l'extrémité du bout jusqu'au bleu du ressort d'une maniere si bien nuancée qu'on sent du premier coup d'oeil qu'il est impossible de le faire si bien avec une chandelle, ou de telle autre maniere que ce soit.

Planche VIII. Fig. 5. Planche V. Fig. 3.

SECTION LVI.

L'opération suivante est d'arrondir à la lime le bout du ressort comme dans la (Fig. 6. Pl. VIII.) Son extrémité doit être limée en biseau sur la partie convexe; ensuite on fait rougir à la chandelle environ une ligne & demie de ce bout afin qu'il s'arrondisse bien autour de la pince ronde; après quoi il faut faire un trou qu'on appelle oeil, comme on le voit (Fig. 7. Pl. VIII.) avec la lime (Fig. 8.) & après l'avoir ébarbé, il faut prendre de nouveau les pinces rondes pour plier le bout du ressort comme dans la (Fig. 9.)

Planche VIII. Fig. 6. Planche VIII. Fig. 7. Fig. 8. Fig. 9.

SECTION LVII.

L'oeil de dedans étant préparé comme nous venons de le dire, il faut prendre l'outil à monter les ressorts, (Fig. 1. Pl. IX.) & le mettre dans l'etau par sa queue H: Cet outil est composé d'un chassis de cuivre A qui a un arbre B dont le bout C a un crochet D. A l'autre bout de l'arbre est la manivelle E. Dans l'encoche du chassis est placée la petite barre platte F qui a aussi un crochet G. Le bout de l'arbre doit être fait en dévelopement spiral. La vue géometrale de ce bout d'arbre est H, (Fig. 2. Pl. IX.)

Planche IX. Fig. 1. Planche IX. Fig. 2.

SECTION LVIII.

Le bout du ressort étant ployé comme Fig. 9. Pl. VIII.) il faut prendre un bout de parchemin un peu fort, de la largeur de la lame & d'environ 3 pouces & demi de long, l'amincir en mourant à son extrémité depuis environ un pouce, & l'appliquer dans l'intérieur du pli de la lame, le bout le plus

Planche VIII. Fig. 9.

mince du côté de l'œil du reſſort. Il faut enſuite attacher le reſſort au crochet D du pétit arbre B, prendre le reſſort de la main gauche avec un linge bien ſec, afin que la ſueur de la main ne le tache pas, tourner la manivelle de la main droite juſqu'à ce que la lame ſoit roulée autour de l'arbre. Cela fait on lâche la manivelle en tenant le reſſort en état de la main gauche, après quoi on lâche le tout. Cette opération donne au reſſort une forme ſpirale comme en (Fig. 3. Pl. IX.)

Planche IX. Fig. 3.

SECTION LIX.

L'opération précédente étant faite il faut rouler de nouveau le reſſort ſans parchemin ſur un arbre de la groſſeur dont on veut le finir, ce qui lui fait prendre une forme ſpirale plus ſerrée, comme en (Fig. 4. Pl. IX.)

Planche IX. Fig. 4.

SECTION LX.

C'eſt à préſent le moment de ſe décider où il faut caſſer le bout fort du reſſort. Si l'on y veut mettre un crochet à l'Angloiſe, il faut lui laiſſer un bout plus fort : Si au contraire on veut ſe ſervir d'une barette à la Françoiſe, il faut en caſſer d'avantage, parce que la barette diminue près d'un quart de tour de tirage au reſſort, & le bout fort en feroit encore autant: Voilà la raiſon pourquoi il ne faut pas que les bouts de dehors des reſſorts ſoient auſſi forts pour les barettes, que pour les crochets à l'Angloiſe. Je conſeillerois toujours de ſe ſervir de barette à la Françoiſe, plutôt que de crochet à l'Angloiſe, parce que l'effet de retenir le bout de dehors contre la virole du barillet, eſt plus ſur, & qu'en ſecond lieu ſi le bout fort du reſſort ſe caſſe, le crochet à l'Angloiſe eſt ſans utilité & laiſſe frotter les lames. Le bout du reſſort étant caſſé, il en faut redreſſer deux ou trois pouces pour pouvoir plus comodément faire recuire ſon extrémité, mais aſſés pour plier ſur les pinces rondes comme en (Fig. 5. Pl. IX.) il faut enſuite mettre ce bout ſur une queue de vieille lime recuite attachée dans l'etau comme (Fig. 6.) & y faire un œil auſſi petit que l'on pourra, aſſez grand néanmoins pour prendre facilement le crochet du barillet.

Planche IX. Fig. 5. Fig. 6.

SECTION LXI.

Quand l'œil eſt fait, il faut mettre le bout du dehors ſur la quarre de l'etablis, pour le redreſſer avec un petit marteau ou le dos d'une lime, enſuite il faut paſſer la pointe d'une lime comme en (Fig. 3. Pl. X.) pour y donner le biſeau néceſſaire à le faire prendre au crochet du barillet. Il faut enſuite plier avec le gros de la pince ronde environ un demi, ou trois quarts de pouce le bout du reſſort, pour qu'il prenne bien le contour interne de la virolle du barillet.

Planche X. Fig. 3.

SEC-

SECTION LXII.

Tout étant ainſi préparé, il faut replier le reſſort pour la derniere fois. A cet effet, il faut le prendre avec un linge ſec & propre; mettre le crochet de l'arbre (de l'outil (Fig. 1. Pl. IX.) à monter les reſſorts) dans l'œil intérieur, & mettre enſuite le crochet G de la barre F dans l'œil extérieur, tenant bien les côtés du reſſort pour les empêcher de ſe déranger & de les laiſſer gliſſer entre les doigts de la main gauche, tandis que de la droite on tourne la manivelle E; & quand le reſſort ſera ainſi roulé bien ſerré, de maniere que toutes les lames ſe touchent, il faut laiſſer retourner la manivelle, alors le reſſort a la forme ſpirale qu'il doit avoir, comme en (Fig. 2. Pl. X.)

Planche IX. Fig. 1.

Planche X. Fig. 2.

SECTION LXIII.

Les reſſorts qui avoient ſubi cette derniere opération ont été long tems regardés comme finis; mais en les tirant par le bout pour les ouvrir, les lames perdoient leur ſituation ſpirale & reſtoient preſque droites, ce qui faiſoit que les horlogers croyoient que l'acier n'avoit pas de corps, ſans faire attention que la lame étoit droite avant dêtre pliée, & que par la même raiſon qu'elle avoit pris un pli, elle pouvoit en prendre un autre en ſens contraire. A force de m'entendre dire que les reſſorts ne reprenoient pas leur plis après avoir été tirés, je remédiai à ce préjugé en faiſant paſſer tous les reſſorts ſur les plaques de fer chaudes du fourneau (Fig. 3. Pl. V.) en prenant garde que les yeux ne priſſent point de couleur par le trop de chaleur. Cette manœuvre ſe nomme fixer & donne à l'acier une roideur qui empêche les lames de ſe redreſſer, mais ne leur donne presque point de qualité élaſtique.

Planche V. Fig. 3.

SECTION LXIV.

L'on a vu par le nombre d'opérations que l'on vient de faire ſubir aux lames, quelle difference il doit ſe trouver dans les reſſorts finis, tant pour leur Elaſticité que pour leur figure. L'Elaſticité du reſſort dépend, comme on l'a fait voir, du corps de l'acier, de ſa trempe & de ſon revenu; elle eſt à ſon plus haut degré de perfection quand on peut temperer la dureté que la lame a reçue à la trempe, de maniere qu'on puiſſe l'enveloper ſur un arbre ſans la caſſer, & qu'en ſe développant elle s'ouvre beaucoup, c'eſt à dire, que les parties de la lame ſe détachent bien l'une de l'autre en ligne ſpirale. Et comme la forme d'une lame eſt auſſi eſſentielle pour conſtituer un bon reſſort que l'elaſticité, il eſt néceſſaire d'expliquer ce que c'eſt que cette figure, d'autant plus que peu d'ouvriers en ce genre, & même très peu d'horlogers en poſſedent la théorie.

SECTION LXV.

La premiere idée de nos prédécesseurs, en faisant des ressorts de montres, fut de faire les lames aussi égales qu'elles le pouvoient être. Plus cette égalité étoit parfaite, plus le ressort étoit estimé bon. Mais voici ce qui résulta de cette forme. En montant le ressort sur le bout *c*, de l'arbre B, (Fig. 1. Pl. IX.) le premier tour de la lame l'envelope, ce qui le force à raison du diametre de cet Arbre; le second tour n'est pas tant forcé, parce qu'il envelope & l'arbre & le premier tour de la lame; le troisiéme tour est encore moins forcé parce qu'il envelope l'arbre, le premier & le second tour de la lame, & ainsi de tour en tour les lames sont moins forcées & le ressort se trouve de la figure spirale comme je l'ai décrite (Fig. 2. Pl. X.) excepté que les derniers tours en dehors sont encore plus écartés les uns des autres qu'on ne les voit dans la Figure.

Planche IX. *Fig.* 1.

Planche X. *Fig.* 2.

SECTION LXVI.

Ayant fait observer l'effet de plier une lame d'égale épaisseur d'un bout à l'autre, il est bon de montrer comment le ressort agit en se débandant. Pour cela il faut le monter sur l'outil (Fig. 1. Pl. IX.) jusqu'à ce que la manivelle ne peut plus tourner; il faut ensuite mettre ce ressort tout monté, & attaché au crochet G de la petite barre F, dans un barillet, après quoi on lâche la manivelle, le ressort se décroche naturellement de l'arbre, ensuite on prend le barillet entre ses doigts & l'on tourne la petite barre du sens contraire au crochet; alors on appuie le doigt de devant sur les lames, & l'on tire la petite barre, ce qui laisse le ressort seul dans le barillet. Cette opération étant faite, il faut y mettre l'arbre du barrillet & en prendre le quarré avec des tenailles à boucles, comme dans la (Fig. 3. Pl. X.) après cela il faut tenir le barillet avec le troisiéme doigt & le pouce, laissant le deuxiéme doigt libre pour appuyer sur les lames du ressort qui voudroient s'élever quand on les monte. Tout étant exécuté de la sorte, il faut tourner la tenaille à boucle pour monter le ressort tout en haut, ce qui fait toucher les lames d'un bout à l'autre. Le ressort étant ainsi bandé il faut laisser retourner tout doucement la tenaille. On verra alors que le tour qui a été le plus forcé pour lui faire prendre son plis contre l'arbre, est le premier à se déveloper & pousse contre le second: Le second fait effort & pousse contre le troisiéme, & ainsi d'un bout jusqu'à l'autre il y a un frottement continuel, tant que le ressort se débande. Tous ces frottemens sont quel que fois si considérables, que les ressorts ne peuvent se débander que par secousses, & il y en a même de si fortes dans les pendules, qu'elles font trembler les cloisons aux quelles elles sont attachées.

Planche IX. *Fig.* 1.

Planche X. *Fig.* 3.

SECTION LXVII.

L'on ſent bien que tant de frottemens abſorbent une partie de la force du reſſort, & quelle attention les horlogers doivent avoir, s'il veulent que leurs reſſorts faſſent leurs effets ſans de pareilles obſtructions. Auſſi les plus habiles ont-ils fait pour les éviter toutes les remarques qu'il y avoit à faire, & l'on s'eſt apperçu qu'il falloit faire des lames plus minces à un bout qu'à l'autre, afin que les premiers tours en dedans ne fiſſent pas plus d'effort en ſe dévelopant, que les derniers vers la virole du barillet.

SECTION LXVIII.

En conſéquence de la découverte de la forme qu'il falloit donner à une lame de reſſort, quelques uns des premiers artiſtes firent ce qu'ils purent pour y parvenir: mais comme ils n'avoient que la lime & d'autres outils peu propres à cet uſage, ils ne purent rien faire de comparable à ce que l'on peut exécuter aujourd'hui, & ce ne fut qu'au commencement de ce ſiecle, qu'on parvint à donner à un reſſort la forme convenable pour profiter entierement d'une partie des avantages que pouvoit procurer la fuſée, (*) (Pl. X. Fig. 4.) *Planche X. Fig. 4.* je crois que mon Pere fut le premier qui ſçut faire un reſſort ſans frottement; ce qui me rappelle une anecdote aſſez remarquable à ce ſujet. (†)

SECTION LXIX.

Il y a des reſſorts de pluſieurs autres eſpéces, comme pour répétitions, réveil, &c. mais ils ſont tous inférieurs en qualités à ceux que l'on fait pour les montres à fuſée. Il y a un art de les faire tirer le moins inégalement qu'il eſt poſſible, ce qu'on n'exécute qu'en faiſant le bout intérieur fort, encore faut-il que la lame ſoit beaucoup plus longue, ce qui occaſione un grand frotement; mais en la faiſant plus épaiſſe dans le milieu de toute ſa longueur, comme je crois l'avoir dit, & en y mettant de l'huile, il fait aſſez bien ſon effet; cela n'empêche pas toutefois qu'un reſſort à barillet, tournant (Fig. 7. *Planche X. Fig. 7.*

(*) On ignore qui a été l'inventeur de la fuſée de la montre; mais quoi qu'il en ſoit, c'eſt une des plus ſimples & des plus ingénieuſes inventions méchaniques pour non ſeulement comuniquer la force du reſſort également, mais auſſi pour procurer en même-tems l'excédent de la force de la bande du reſſort & faire marcher la montre plus long tems qu'elle n'iroit autrement. Voici comme cela ſe démontre. Un reſſort fait ordinairement quatre tours & demi; la montre ne peut pas marcher qu'après être bandée au moins un demi tour. Pour ne pas mettre le reſſort en danger de ſe caſſer, il ne faut pas le monter juſqu'à ſon extrémité, ainſi on laiſſe encore un autre demi tour dans l'inaction, ce qui fait trois tours & demi de dévelopement pour le reſſort: Or comme la chaîne s'enveloppe ſept fois & demie autour de la fuſée, ſa roue fait ſept révolutions & demie en 30 heures pour trois tours & demi de dévelopement du reſſort, qui n'auroit par conſéquent fait marcher la montre que la moitié du tems, ſans l'invention de la fuſée.

(†) Monſr. Sully, Horloger du Régent lui montrant un jour l'effet d'un reſſort que mon Pere avoit fait & qui ſe dévelopoit dans un barillet où toutes les lames jouoient ſans ſe toucher: Ce Prince ſurpris, lui demanda; „ comment eſt-il poſſible qu'un homme „ parvienne à faire agir une lame de dixhuit pouces de longueur dans un eſpace auſſi petit que „ celui d'un barillet de montre, ſans que les parties ſe touchent ?"

Pl. X.) ne ſoit plus foible que ne ſeroit la même quantité d'acier fabriquée pour un barillet à fuſée, du même diametre.

MANIERE DE FAIRE LES PETITS RESSORTS DE RÉPÉTITIONS.

SECTION LXX.

Les petits reſſorts de ſonneries à répétitions, pourroient ſe faire de la même maniere que ceux que je viens de décrire; mais ils peuvent être faits avec plus de diligence & d'œconomie.

Il faut prendre des bouts de lames de reſſorts ordinaires de la meilleure qualité tant pour l'acier que pour la trempe & le revenu, les faire tirer dans les grands plombs avec de l'emeril en grain en tournant leurs bouts de tems en tems, juſqu'à ce qu'ils ſoyent bien près de l'épaiſſeur qu'il les faut: Alors on les fend avec la Cizaille (Fig. 5. Pl. X.) Si elle coupe bien, on peut en tirer *deux* ou *trois* petites lames, mais ſi au contraire les Cizailles ne ſont pas en bon état, on ne peut faire qu'avec peine un reſſort en Cizaillant un bord après l'autre.

Planche X. Fig. 5.

SECTION LXXI.

Ayant donc rendu la lame à peu près de ſa largeur, il faut la mettre dans l'etau pour la limer ſur les bords & pour la mettre de largeur égale au calibre. Cette opération demande que les machoires de l'etau ſoient d'une taille douce afin qu'elles ne faſſent pas de marques aux reſſorts qui ſe caſſeroient pour peu que les dents des machoires de l'etau y fiſſent impreſſion, comme je l'ai deja dit.

SECTION LXXII.

Après cette opération il faut prendre un bout de lame non arrondi d'un reſſort ordinaire & le mettre dans l'etau pour en faire une Couliſſe de la profondeur que l'on veut; puis ce bout étant bien arrété dans cet etau, on place une partie de ce petit reſſort dans la Couliſſe, & avec une lime douce on arrondit cette partie; on pouſſe enſuite la petite lame juſqu'à la fin, après quoi on tourne la lame pour en faire autant à l'autre bord, en faiſant bien attention de tirer la lime de long pour que les traits de la lime ſoyent paralleles autant que faire ſe peut; autrement le poli des bords ne ſe feroit pas bien avec la pierre à l'huile.

SEC-

SECTION LXXIII.

Pour bien polir les ressorts de répétition à la pierre à l'huile il faudroit avoir une monture de petites pierres dans le goût de celles de la (Fig. 1. & 2. Pl. VIII.) mais ordinairement on attache un bout du ressort dans un étau ; & l'autre dans une tenaille à vis que l'ouvrier tient dans sa main gauche pour la tenir droite & pour bander un peu le ressort ; de l'autre main il tient la pierre à huile où il y a des coulisses, dans une desquelles il place le ressort ; & en cet état il pousse & repousse la pierre à huile, de la tenaille à l'étau, en appuyant à proportion de la force du ressort pour ne point le casser, & ainsi en douze ou vingt poussées alternatives un bord sera poli, ce qui se connoit en passant l'ongle dessus ; alors on retourne le ressort, & on en fait autant à l'autre bord. *Planche VIII. Fig. 1. & 2.*

SECTION LXXIV.

Ce petit ressort étant poli sur les bords, il faut le monter sur le chassis (Fig. 5. Pl. III.) On prend ensuite les petits plombs (Fig. 3. & 4. Pl. VIII.) & on y met de l'huile & de l'emeril fin, après quoi on les pousse alternativement en serrant legérement des deux mains jusqu'à ce que le ressort soit de l'épaisseur convenable : Le tact, le balancement & le coup d'œil, sont, comme je l'ai déjà dit, les seuls guides pour connoitre cette épaisseur. Ce polissage étant fait, il faut le bluïr, comme je l'ai indiqué ; casser les bouts & y faire les yeux avec de petites limes proportionées à la grandeur du ressort ; après quoi il faut mettre un petit arbre dans une tenaille à vis comme en (Fig. 6. Pl. X.) ayant soin que son crochet ne soit pas trop haut, autrement il formeroit des boutons tout du long de la lame. Comme c'est l'Horloger qui ajuste le bout de dehors de ce ressort, l'on n'y fait point d'œil en dehors, & ainsi se trouve fini un ressort qui demande plus de précision que les autres à cause de sa petitesse. *Planche III. Fig. 5. Planche VIII. Fig. 3. & 4. Planche X. Fig. 6.*

MANIERE DE FAIRE LES RESSORTS EN SPIRALE.

SECTION LXXV.

Les Ressorts qui tiennent aux verges des balanciers, sont regardés avec raison comme de la plus grande importance pour la marche d'une montre. Depuis leur invention par le Docteur Hook & leur exécution par Thompion en 1658, les Horlogers anglois les ont faits avec ce que l'on nomme de la bobine. C'est un petit fil d'acier que l'on passe entre deux cylindres d'acier, trempés durs & bien polis, pour les laminer. Les François n'en font presque point, & se servent de spiraux faits à Geneve, qui sont assez médiocres à cause de leur inégalité tant d'épaisseur que de largeur; mais ils ne laissent pas cependant de bien faire leur effet tant cette invention a de mérite, pour entretenir les vibrations du balancier. Comme jai fait quelques ressorts spiraux pour des cas extraordinaires & que j'ai procuré à des Genevoises, (*) qui travailloient à Paris, des lames pour en faire, & que je les ai aidées à perfectionner leur ouvrage, je vais rendre compte de la maniere dont il faut s'y prendre pour faire de bons spiraux avec des lames d'acier trempées.

SECTION LXXVI.

Afin de pouvoir fabriquer des ressorts spiraux, il faut faire faire par des faiseurs de ressorts de montres des lames larges de quatre ou six lignes, trempées
Planche XI. Fig. 1. & revenues bleu de 18 ou 20 pouces de long, comme en (Fig. 1. Pl. XI.) aussi minces & de la forme qu'on désire. Il est à propos de les faire de bonne force du premier coup, parce que l'on ne peut plus les toucher après être cizaillées, sans leur donner une imperfection, soit pour la forme, soit pour l'égalité.

SECTION LXXVII.

Les Lames étant de la force & de la forme que l'on veut, il faut les couper de la longueur dont on veut les ressorts spiraux, faisant bien attention de mettre les bouts les plus foibles du même côté, & se souvenant que les lames les plus minces & les plus courtes sont pour les petits spiraux & que les longues & les plus fortes sont pour les grands.

SECTION LXXVIII.

Tout étant ainsi préparé, il faut prendre la Cizaille qui a un dossier A.
Planche XI. Fig. 2. (Fig. 2. Pl. XI.) Ce dossier sert de calibre pour déterminer la largeur de la petite lame que l'on veut cizailler; j'ai réprésenté cette cizaille à vue d'oiseau, afin que l'on puisse voir la largeur dont le ressort spiral peut être cizaillé, ayant un dossier qui est attaché avec des rivets 1. & 2. à la joue B

SECTION LXXIX.

Fig. 3. La (Fig. 3.) est vue de côté dans toute la longueur de la Cizaille afin que l'on puisse distinguer le dossier A en dehors avec ses rivures 1. & 2.

(*) Ce sont les femmes qui font les ressorts spiraux à Geneve.

SECTION LXXX.

La (Fig. 4.) est une vue du côté opposé, afin de faire voir les rivures du dossier, qui doivent se perdre dans la joue B, afin qu'en travaillant elles ne puissent pas accrocher à la tranche de la joue C. *Fig. 4.*

SECTION LXXXI.

Les Cizailles étant ainsi montées & le manche *b* dans l'étau comme en (Fig. 3.) il faut prendre une de ces lames courtes par le bout mince avec les doigts de la main gauche & l'appuyer contre le dossier, comme dans la (Fig 5.) Ensuite on appuye sur le manche *a* pour fermer la cizaille, cela coupe la lame jusqu'au bout du dossier, après quoi il faut le hausser & faire avancer la lame en poussant toujours sur le dossier; & ainsi refermant les cizailles de nouveau, on coupe autant de lame qu'au premier coup; enfin en ouvrant & en fermant les cizailles & poussant contre le dossier, une lame sera coupée aussi large que le dossier l'aura permis. Il faut continuer de couper de même toute la partie en mettant tous les bouts foibles du même côté. *Fig. 3.* *Fig. 5.*

SECTION LXXXII.

L'on sent bien que s'il faut des spiraux de differentes largeurs, l'on doit arranger le dossier pour être plus ou moins éloigné des tranches de la cizaille, ce qui se fait en mettant une lame de l'épaisseur que l'on veut entre la joue B de la cizaille & le dossier A.

SECTION LXXXIII.

Lors que toutes les petites lames sont ainsi coupées, un bon ouvrier doit les repasser sur les bords de la pierre à huile, quoi que si les cizailles sont en bon état, on n'a pas grand besoin de cette manœuvre, parce qu'il n'y a presque point de bavures.

SECTION LXXXIV.

Les petites lames pour les ressorts spiraux étant ainsi préparées, on mettra sur la table une feuille de papier, ou quelque étoffe noire, afin de mieux distinguer les petites lames, qui sont blanches. On prend ensuite le bout le plus fort d'une de ces lames, pour le mettre dans des tenailles à boucle, comme (Fig. 1. Pl XII.) que l'on tient ferme d'une main; puis avec une pince platte, (Fig. 9.) dont on a ôté la taille à la meule & dressé les quarts à la pierre à huile, on prend la lame à deux ou trois lignes du bout, que l'on serre bien en tournant la main droite d'un quart ou un peu plus, ce qui fait un crochet, comme on le voit à la (Fig. 2.) Ensuite en tenant toujours bien fer- *Planche XII. Fig. 1. Fig. 9. Fig. 2.*

me & ſtable la tenaille à boucle, il faut reprendre la petite lame avec les pinces plattes, un pouce éloigné du petit crochet; on fait porter le quart de la pince ſur la lame, & on fait ainſi marcher les pinces juſqu'au crochet, ce qui

Fig. 3. fait prendre la (Fig. 3.) Enſuite on répéte cette même manœuvre de tirer les pinces plattes, faiſant porter ſon quart contre la lame, en tenant les tenailles à boucle fermes & ſtables, ce qui fait prendre un tour de ſpirale de plus com-

Fig. 4. me (Fig. 4.) Après quoi on reprend avec les pinces plattes pour faire la mê-

Fig. 5. me manœuvre un peu plus loin, ce qui procure la (Fig. 5.) & ainſi de diſtance en diſtance toujours aprochant la pince du bout vers la main qui tient les tenailles à boucle, on parvient à donner à une petite lame une forme ſpi-

Fig. 6. rale, comme (Fig. 6.)

SECTION LXXXV.

Toutes ces petites opérations que l'on vient d'indiquer exigent beaucoup d'adreſſe tant de la main gauche que de la main droite, pour faire aſſez porter la lame ſur le quart de la pince platte, de même que pour faire mettre les différens tours ſpiraux à diſtances convenables auſſi plats qu'il eſt néceſſaire; mais comme malgré tous les ſoins que l'on peut prendre, un reſſort ſpiral ne ſe trouve jamais parfaitement plat, il y a encore une operation à faire.

SECTION LXXXVI.

Pour cet effet il faut avoir une eſpece de tenailles plattes à peu près comme

Planche XII. Fig. 7. & 8. des fers à friſer, (Fig. 7. & 8. Pl. XII.) Elles ne doivent pas être trop lourdes, ni avoir les branches trop courtes; mais que les palettes ſoient aſſez fortes pour conſerver leur chaleur quelque tems. Il faut faire bien attention que les palettes ou machoires des tenailles ſoient bien plattes dans leur intérieur, afin qu'elles retiennent bien leur ſituation parallele, lors qu'on en fait uſage.

SECTION LXXXVII.

Les reſſorts Spiraux étant tous ployés & ſéparés dans leurs differentes parties, tant pour leur force que pour leur grandeur, il faut frotter avec une lime quelques parties extérieures des tenailles pour les blanchir; après cela les remettre ſur un feu doux, & lors qu'elles ont pris une couleur bleue pâle, elles ſont en état de ſervir; alors on les retire du feu pour mettre un ſpiral dedans les machoires, que l'on ferme le tems d'une ſeconde ou deux pour donner de la chaleur à ce petit reſſort, ce qui le force à devenir plat, & de la couleur que l'on deſire: cela fait on ouvre les tenailles pour laiſſer tomber le reſſort & en mettre un autre, & ainſi l'on continue de ſe ſervir des tenailles à bleuïr tant qu'elles ont aſſez de chaleur, & quand elles en manquent, on les met ſur le feu pour reprendre une autre paire qui doit être toute chaude, & ainſi de même juſqu'à ce que toute la partie ſoit bleuée.

SEC-

SECTION LXXXVIII.

L'opération de bleuïr les resſorts ſpiraux ſert à chauffer les fibres de l'acier & les fixer dans la ſituation où le feu les a trouvés, & ainſi en devenant froid, il a autant de force d'un côté que de l'autre, c'eſt à dire, en s'ouvrant ou en ſe fermant. C'eſt ainſi que ſe trouvent finis les reſſorts ſpiraux avec des lames cizaillées.

SECTION LXXXIX.

Pour faire ces Reſſorts à l'angloiſe, c'est à dire, avec de la Bobine, il faut ſe munir d'un petit équipage à laminer comme dans la (Pl. XII. Fig. 8.) A eſt un établis au bout duquel eſt monté un rouleau B; Dans le milieu de l'etablis eſt monté un chaſſis, ou cage de fer, qui porte deux cylindres C & D, d'acier trempé dur & bien poli, d'environ un pouce ou deux de diametre: Sur le Chapiteau de ce chaſſis il y a deux vis E, F. Sur les arbres des cylindres ſont deux pignons ou roues, G & H. Le Cylindre inférieur a ſon arbre plus long que le ſupérieur pour porter la manivelle I. A l'autre bout de l'etablis, il y a un autre rouleau de bois leger L, qui eſt porté ſur les appuis attaché à l'etablis; ce rouleau a un arbre qui porte le plus petit rouleau M, ſur lequel eſt enveloppé le cordeau qui porte le poids N. *Planche XII. Fig. 8.*

SECTION XC.

Pour ſe mettre en état de faire de la Bobine il faut prendre du petit fil d'acier en pacquets de pluſieurs groſſeurs, tel que celui dont on ſe ſert pour les clavecins, que l'on fait cuire dans un feu de charbon de bois, ayant ſoin de ne le pas trop chauffer, pour éviter autant que poſſible les écailles que la trop grande chaleur occaſione. Après que le fil eſt refroidi, on prend un des pacquets pour le mettre ſur le rouleau B, en ſéparant bien les tours du fil de maniere qu'ils ne puiſſent ſe mêler: Cela fait, il faut prendre un bout de ce fil & le pouſſer avec les doigts de la main gauche entre les rouleaux C D, tandis que de la main droite on tourne la manivelle I: Auſſi-tot que l'on a vû un pouce ou deux ſortir des rouleaux, il faut ſerrer les vis E & F au point que l'on veut, ou que l'acier peut ſuporter ſans cracquer ou ſe caſſer & enſuite ſe tourner pour prendre la manivelle de la main gauche en tirant le fil applati de la main droite jusqu'à ce qu'il en ſoit ſorti 18 pouces, ou 2 pieds environ.

SECTION XCI.

Un bout de ce fil étant ainſi préparé, il faut en prendre l'extrémité, & en enfiler un pouce ou deux dans un petit trou *a* qui eſt dans le rouleau L. Cela étant fait, on tient le rouleau en reſpect de la main gauche, & de la droite on enveloppe le rouleau M avec la petite corde qui tient le poids N, en faiſant monter ce poids auſſi haut que l'on peut; alors on laiſſe aller le poids N, (qui ne doit pas peſer plus d'une livre ou deux,) ce qui bande la petite lame ſur le rouleau L, jusqu'aux cylindres C & D.

SECTION XCII.

Tout étant ainſi en état, l'ouvrier ſe retourne & prend le fil avec les doigts de la main gauche pour le guider à l'endroit qu'il veut du cylindre C D, tandis qu'il tourne la manivelle I de la main droite: à meſure que la petite lame s'enveloppe autour du rouleau L, le poids N, tombe; mais avant qu'il touche à terre, il faut arrêter pour tenir en bride le rouleau M avec la main gauche & remonter le poids N avec la droite; ce qui ſe fait très facilement; le rouleau M étant au bout de l'arbre & ainſi en tournant la manivelle I, & en enveloppant la petite corde qui tient le poids N, on applatit toute la longueur du fil qu'on a mis ſur le rouleau B.

SECTION XCIII.

Si la petite lame n'eſt pas aſſez mince, il faut l'étendre ſur le plancher de façon qu'elle ne puiſſe prendre aucune ordure, ni s'emmêler, alors on donne un petit tour aux deux vis E & F, après quoi on enfile de la main gauche un bout dans les rouleaux C D, tandis que l'on tourne de la main droite la manivelle I; On ſe retourne enſuite pour prendre le bout de la lame avec la main droite, & le conduire jusqu'à ce qu'il en ſoit ſorti deux pieds de longueur, afin de l'attacher ſur le rouleau L, comme il a déja été dit; ce qui étant fait, on ſe remet dans ſa premiere attitude pour faire paſſer & guider ce qui eſt à faire entrer dans les rouleaux C, D; quand la lame eſt au degré d'épaiſſeur que l'on deſire, il faut la mettre ſur une bobine: De cette derniere opération les petits fils amincis pour faire les reſſorts ſpiraux prennent le nom de bobine.

SECTION XCIV.

L'on ſent que les petites lames faites de cette maniere doivent être bien égales d'épaiſſeur & de largeur, ainſi que les bords bien arrondis & doux, ce qui ne peut être avec des lames cizaillées & même passées à la pierre à huile le mieux qu'il a été possible.

SECTION XCV.

Quand on veut faire des ressorts spiraux avec cette bobine, il faut la couper de longueur, & les faire passer par les mêmes opérations qui ont été indiquées, à la Section LXXXIV & suivantes, en observant de prendre les mêmes précautions pour les longueurs & les épaisseurs, pour pouvoir les assortir.

SECTION XCVI.

Il y a des personnes qui croient que la trempe est fort essentielle à un ressort spiral; mais l'expérience prouve que toute l'utilité de cette trempe est de donner de la roideur à la lame qui doit être cizaillée pour pouvoir la rendre aussi mince qu'il la faut & de la figure que l'on desire; ce qu'il est impossible de faire exactement avec une lame molle. La trempe n'est pas nécessaire aux ressorts spiraux, puisque toutes les montres Angloises s'en sont toujours passé jusqu'à présent, excepté que depuis peu que l'on trouve ceux de Genéve à si bon compte, que beaucoup d'horlogers anglois ne veulent point se donner la peine d'en faire eux mêmes, parce qu'ils ne peuvent pas s'appercevoir d'aucune difference de qualité dans un ressort spiral trempé, ou non trempé. Effectivement une lame d'acier qui n'a d'autre qualité que la roideur qu'elle acquiert en bleuissant, fait son effet aussi parfaitement qu'il est possible, parce que les ressorts spiraux ne se bendent, ni ne se débandent point assez pour forcer ou alterer cette qualité que l'acier a reçu par la chaleur nécessaire pour lui donner la couleur bleue.

SECTION XCVII.

Il y a diverses opinions sur la figure que doit avoir la lame d'un ressort spiral. J'ai entendu dire à des horlogers, qu'il falloit les faire d'une égalité parfaite d'un bout à l'autre. D'autres prétendoient qu'ils devoient être plus foibles en dehors; & d'autres au contraire disoient qu'il faut que le bout foible soit en dedans, & ainsi en augmentant imperceptiblement jusqu'au bout de dehors. Tout ce que je puis dire sur ces differentes opinions, est, que tous les ressorts spiraux font bien leur effet, tant cette invention est admirable, parce que les lames de ces ressorts en faisant leur effet ne se touchent point, & que les spiraux tirent en pleine liberté depuis un bout jusqu'à l'autre. Mais ce à quoi on doit faire attention, c'est à la sensibilité du spiral, quand on veut regler une montre. Par exemple si le ressort est foible en dehors, il faut faire faire à la rosette plus de mouvement pour regler l'action du balancier; si au contraire il est plus fort en dehors, on ne peut presque pas toucher la rosette pour faire avancer ou retarder, que cela ne fasse un changement capital sur la marche plus ou moins vite du balancier. L'on voit par là que ces ressorts agissent inégalement dans leurs differents spires, & quoiqu'il en soit de ces defauts, ces petits régulateurs font toujours leur effet d'une maniere très-avantageuse pour la justesse des montres. Que si l'on demande s'il doit y avoir une certaine proportion dans leur longueur rélativement à leur force pour leur Isochronisme; cette question a long tems occupé les Horlogers. L'ingénieux Mr. le Roy l'ainé vient d'écrire d'une maniere détaillée & intéressante sur cette matiere, & nous renvoyons le lecteur à son ouvrage.

FIN.

EXTRAIT DES REGISTRES

DE L'ACADEMIE ROYALE DES SCIENCES.

Du 15 Septembre 1772.

MR. BLAKEY, ayant fait à l'Académie la proposition de décrire l'*Art de faire les ressorts de Montres & de Pendules*, pour servir de suite à ceux qu'elle publie, & l'Académie l'ayant acceptée, elle nous a chargé, M. Macquer & moi, d'examiner cet Art lorsqu'il seroit fait: nous allons rendre compte à l'Académie de la premiere Partie, ou de celle qui traite de la maniere de faire les ressorts de Montres, qui est déja finie.

L'Auteur, dans la Préface, parle en peu de mots, du temps où l'on a commencé à faire des ressorts de Montres; il passe ensuite à l'époque où l'on s'est particuliérement occupé d'en perfectionner la fabrique, ayant soin de faire connoître les Artistes qui y ont le plus contribué; enfin il traite, dans cette Préface, des différents acier, des lieux d'où on les tire, & particuliérement de la nature de l'acier qu'on doit employer dans la fabrique des ressorts: cet article est très-important; car c'est de la nature de cet acier, que dépend presque entiérement la bonté & la force élastique du ressort.

L'Art est divisé en une suite d'articles, dans lesquels l'Auteur traite, sans omettre aucune opération, de la maniere de faire les ressorts de Montres, depuis le point où ils sont en verges rondes, propres à être tirés à la filiere, jusqu'au moment où ils sont en état d'être mis dans le barillet, pour être employés dans les Montres.

En traitant de toutes les différentes especes & de pratiques qu'on emploie dans la fabrication des ressorts, l'Auteur a soin d'insister sur les articles importans, comme celui de la trempe, celui du recuit, ou revenu qu'on doit donner aux ressorts depuis qu'ils sont trempés, pour que, n'ayant pas cette premiere dureté, qui feroit qu'on ne pourroit les employer sans les casser, il leur en reste assez pour agir avec vivacité, & avoir encore beaucoup de force élastique.

Il insiste de même sur un point important, sur la forme que l'on doit donner à leurs lames, pour que toutes leurs parties travaillent également, que ces lames ne se frottent pas dans le barrillet, & que leur effet soit liant; & comme on ne parvient à satisfaire à ces differentes données que par des Machines ingénieuses, propres à y réussir d'une maniere sûre, M. Blakey décrit ces différentes Machines, qui sont de l'invention de M. son pere & de la sienne: telle est la roue qui sert à chauffer & rougir un grand nombre de ressorts tout à la fois, avec la plus grande facilité, & d'une maniere on ne peut pas plus égale dans toutes leurs parties; tel est encore ce que l'Auteur appelle *les grands Plombs*, Machine destinée à faire qu'un seul homme, quoique fort borné, soit en état de donner à la lame de ressort, la forme dont nous venons de parler tout à l'heure, ou cette diminution successive dans son épaisseur, depuis un bout jusqu'à l'autre, qui en rend l'action douce & liante sans aucun frottement.

Enfin, M. Blakey a décrit cet Art, comme un Artiste parfaitement bien instruit de toutes ses parties, & qui ne néglige, ni ne dissimule rien de tout ce qui peut mettre le Lecteur, ou l'Artiste, parfaitement bien au fait de toutes les pratiques & de tous les moyens propres à faire les ressorts de Montres facilement, & avec toute la perfection possible.

Nous croyons, en conséquence, que cet Art, dans lequel on verra toutes les ressources de l'industrie, pour parvenir avec facilité & promptitude à faire une chose aussi difficile qu'un ressort de Montre, qui ait toutes les qualités requises, est digne de l'approbation de l'Académie, & d'être imprimé à la suite de ceux qu'elle publie.

Signé, LE ROY, MACQUER.

Je certifie l'extrait ci-dessus conforme à son original & au jugement de l'Académie. A Paris, le 14 Septembre 1772. GRANDJEAN DE FOUCHY, *Secrétaire perpétuel de l'Académie Royale des Sciences.*

ART DES RESSORTS DE MONTRE.

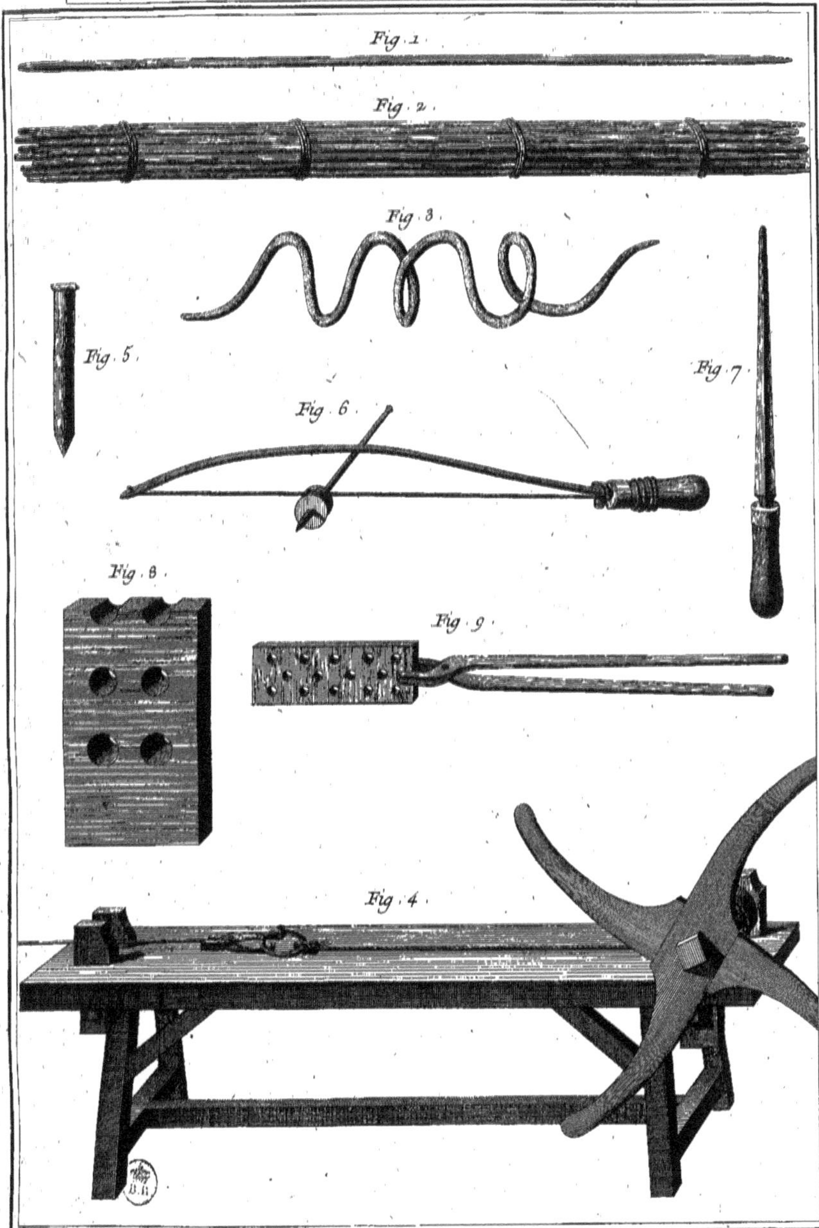

Goussier Del.

Benard Sculp.

Goussier Del. Benard Fecit.

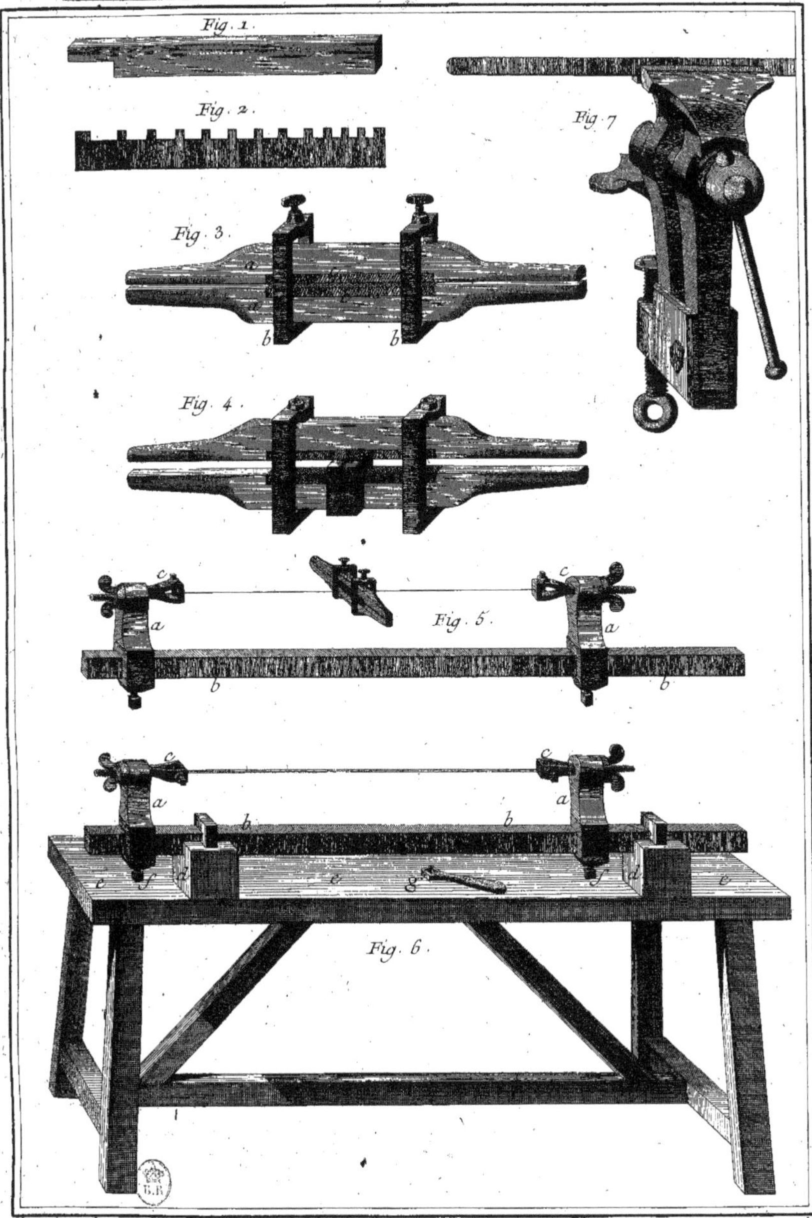

Goussier Del. Benard Sculp.

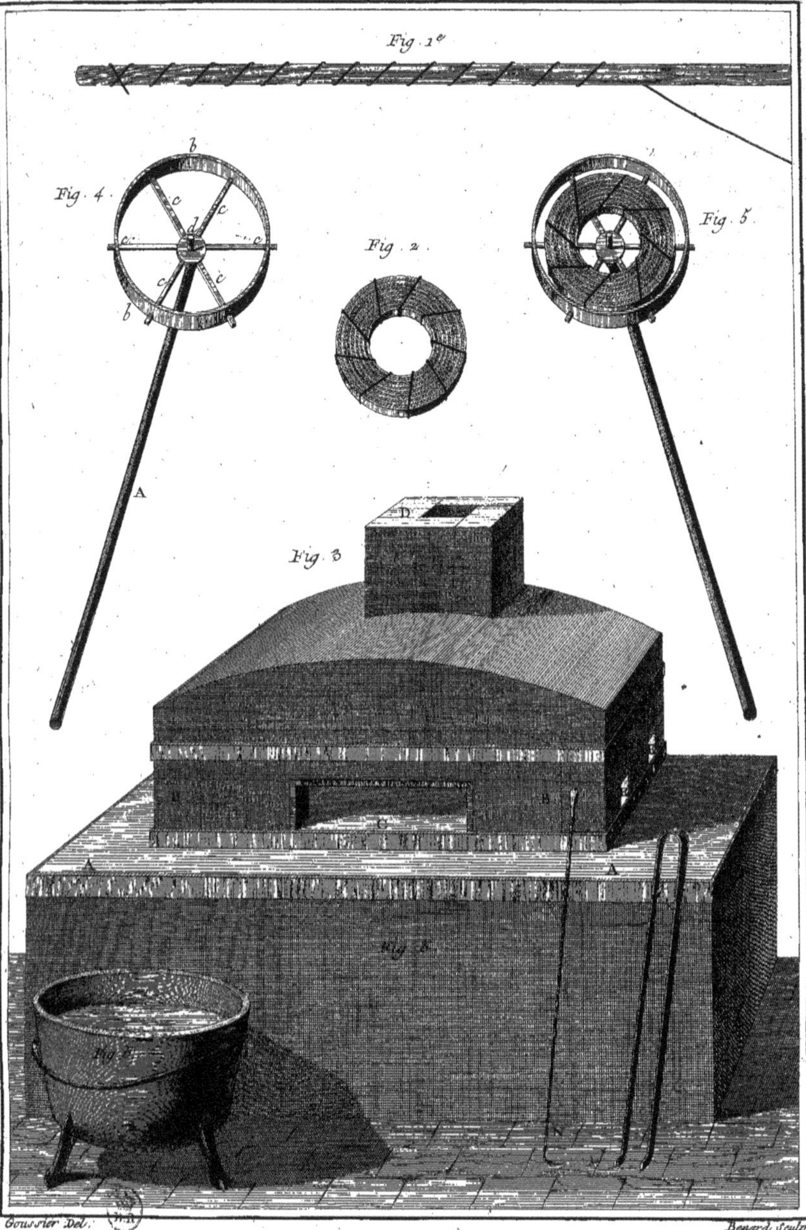

Goussier Del. Benard Sculp.

Art des Ressorts de Montre.

Pl. 5.

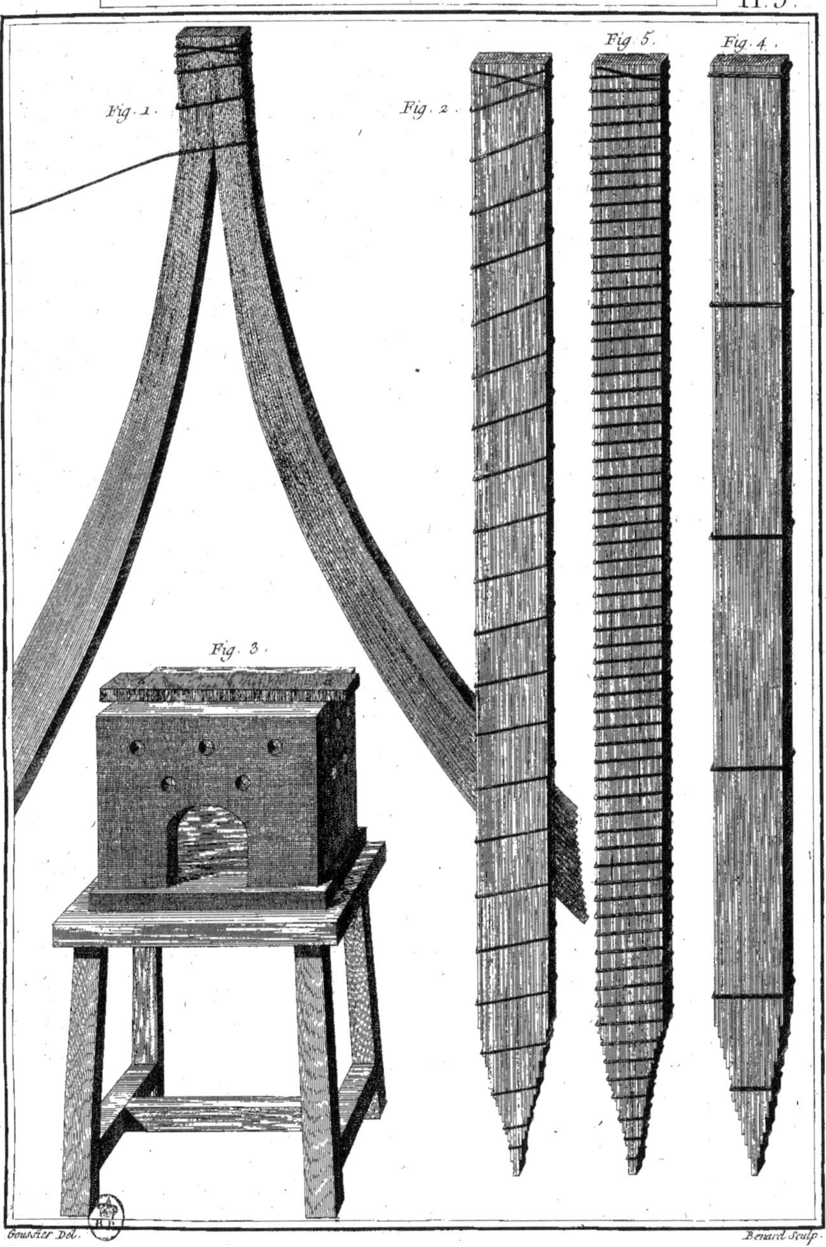

Goussier Del. Benard Sculp.

ART DES RESSORTS DE MONTRE.

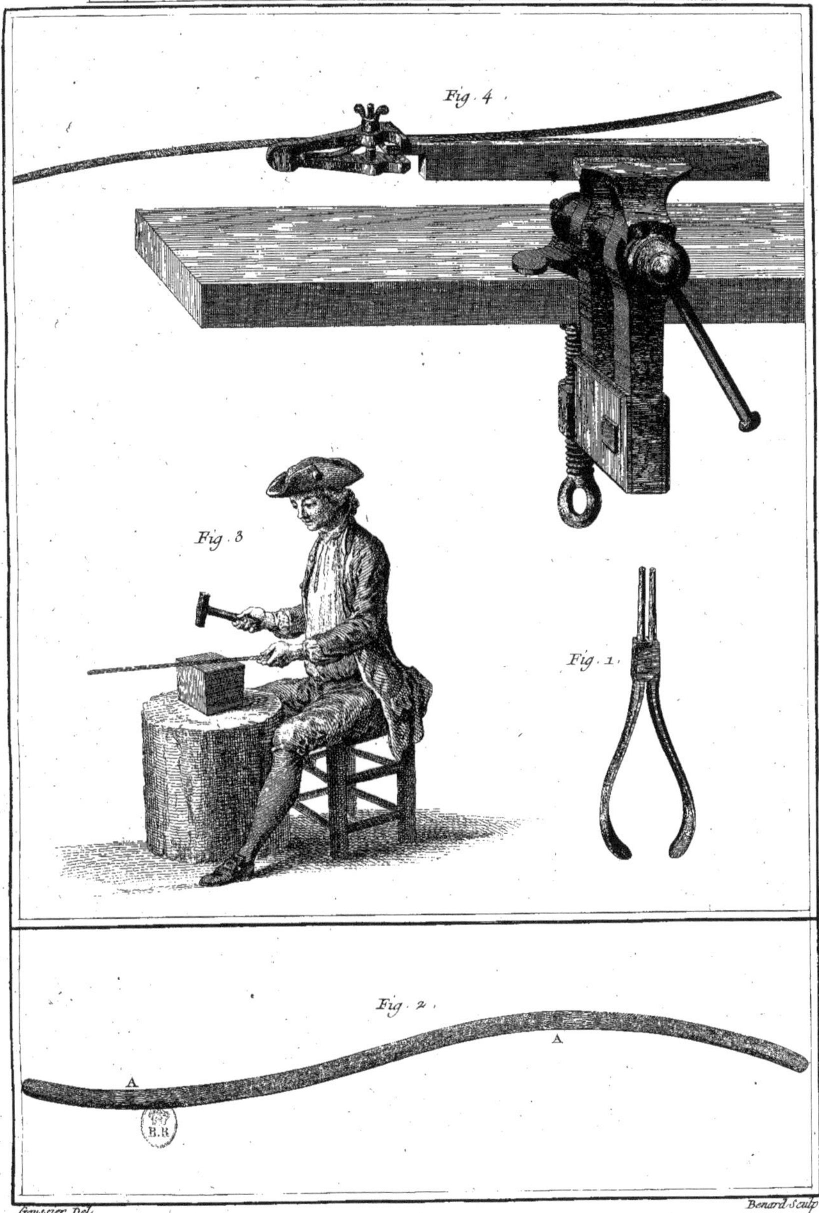

Goussier Del.

Benard Sculp.

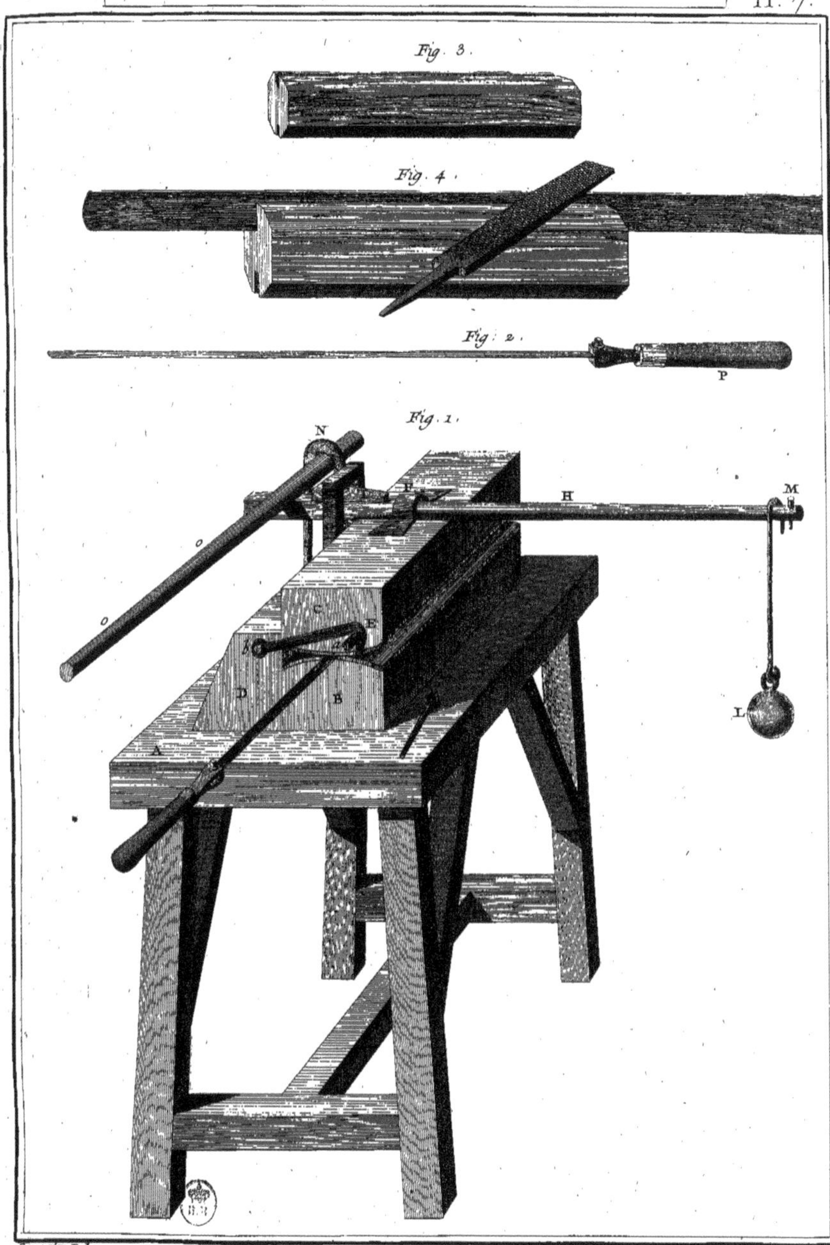

Goussier Del.

Benard Sculp.

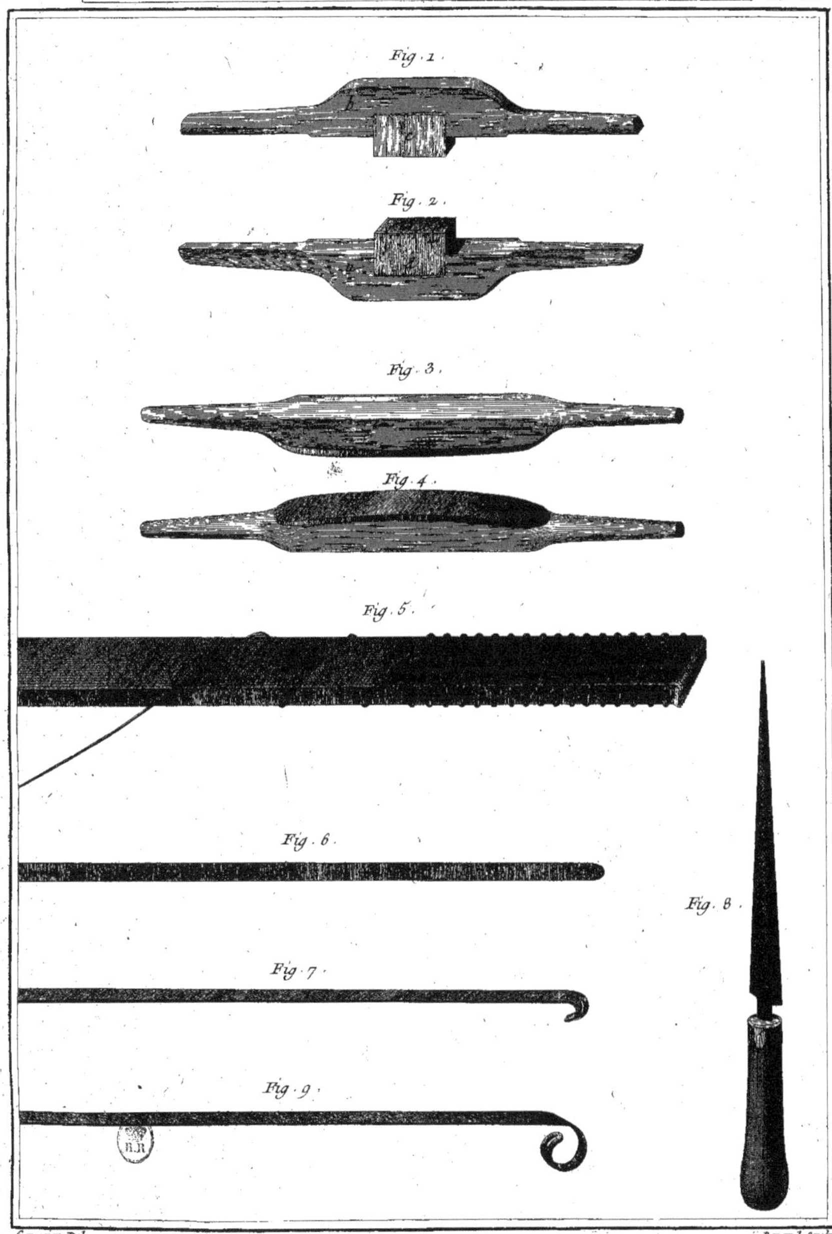

Goussier Del. Benard Sculp.

ART DES RESSORTS DE MONTRE

Pl. 9.

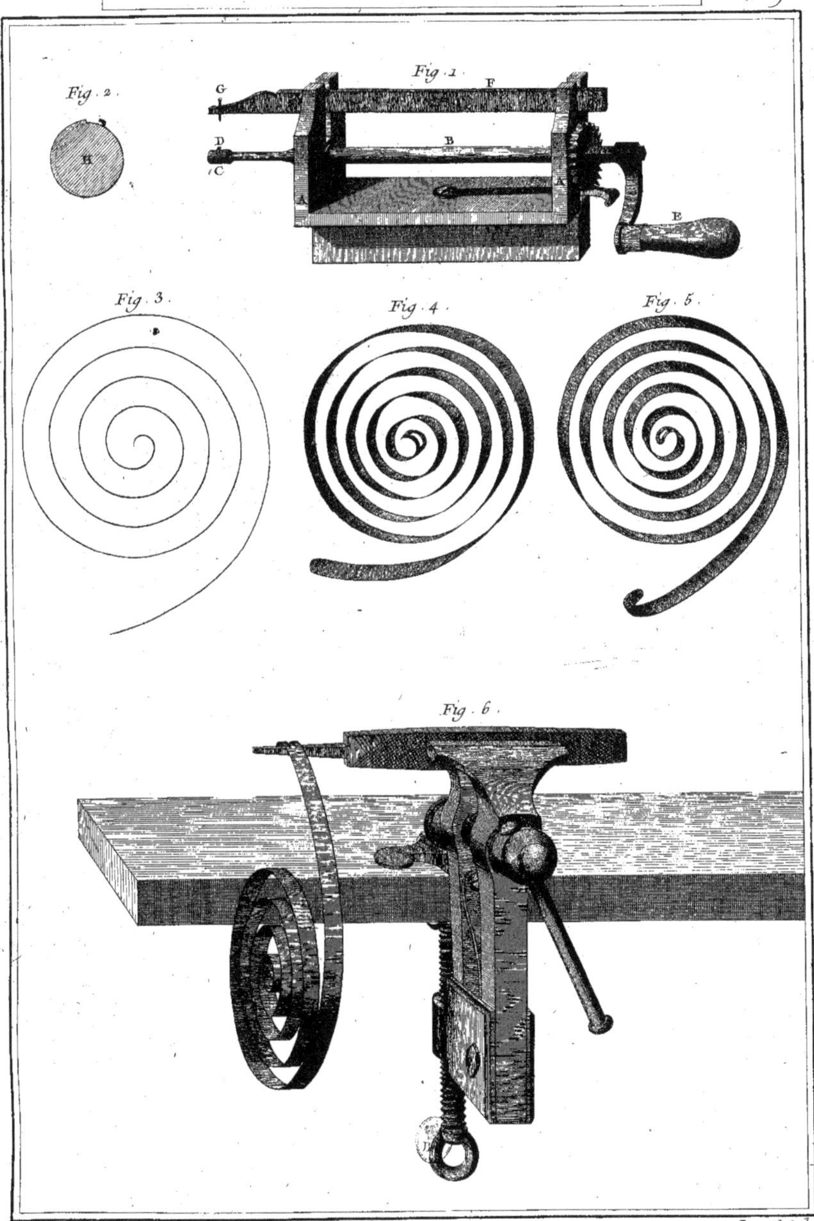

Goussier Del. Benard Sculp.

ART DES RESSORTS DE MONTRE.

Pl. 10.

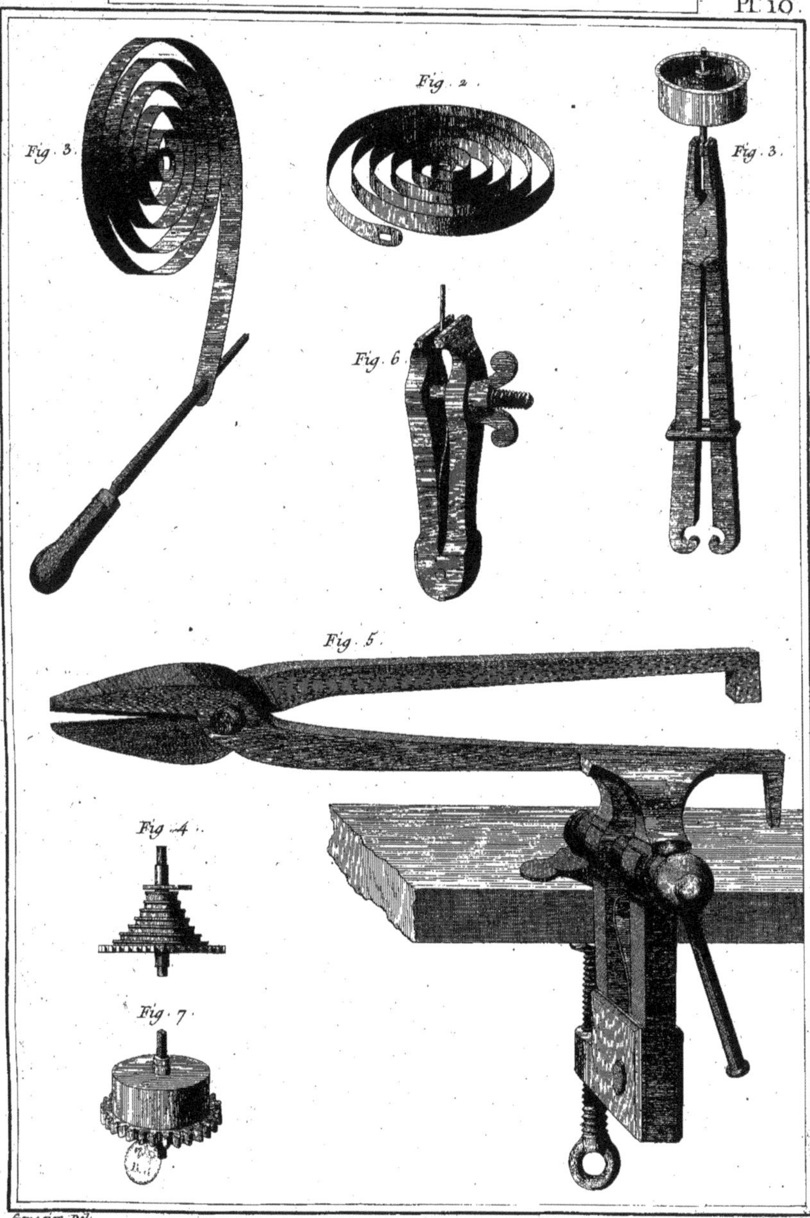

Goussier Del.

Benard Sculp.

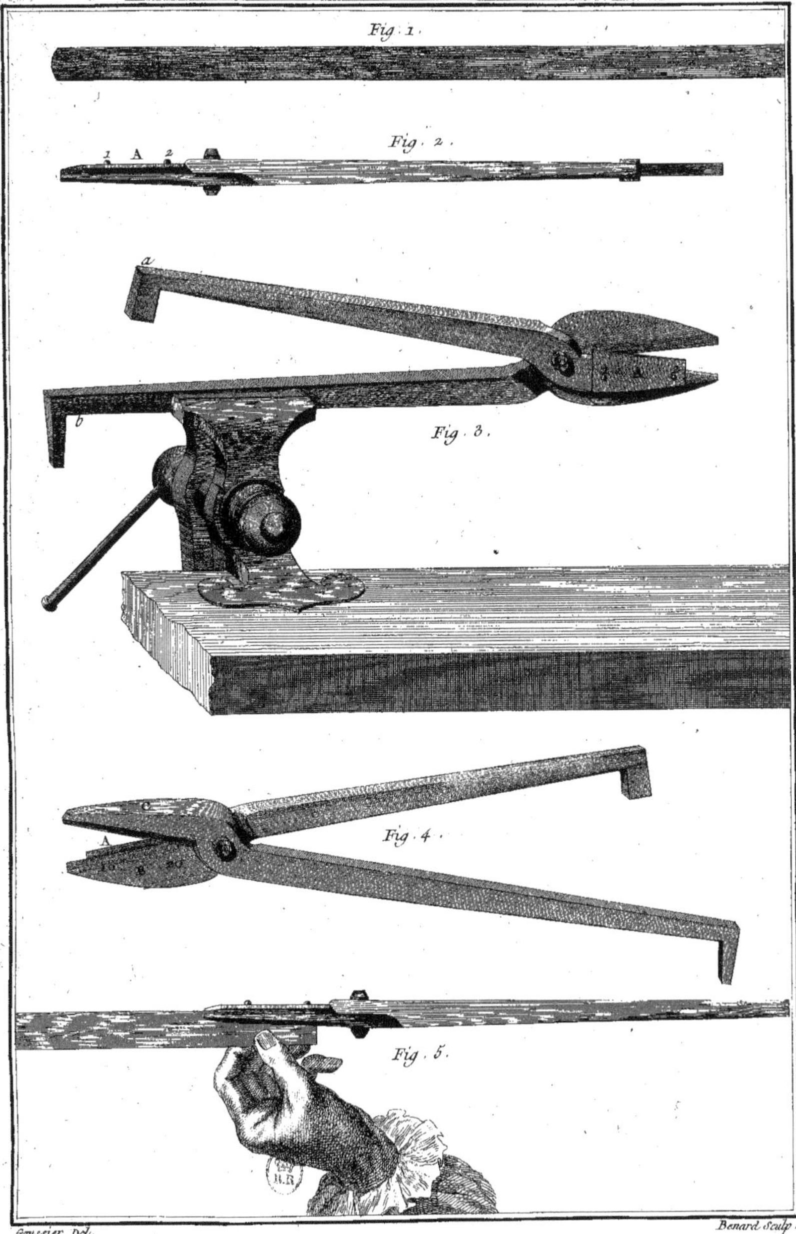

Goussier Del.

Benard Sculp.

Art des Ressorts de Montre

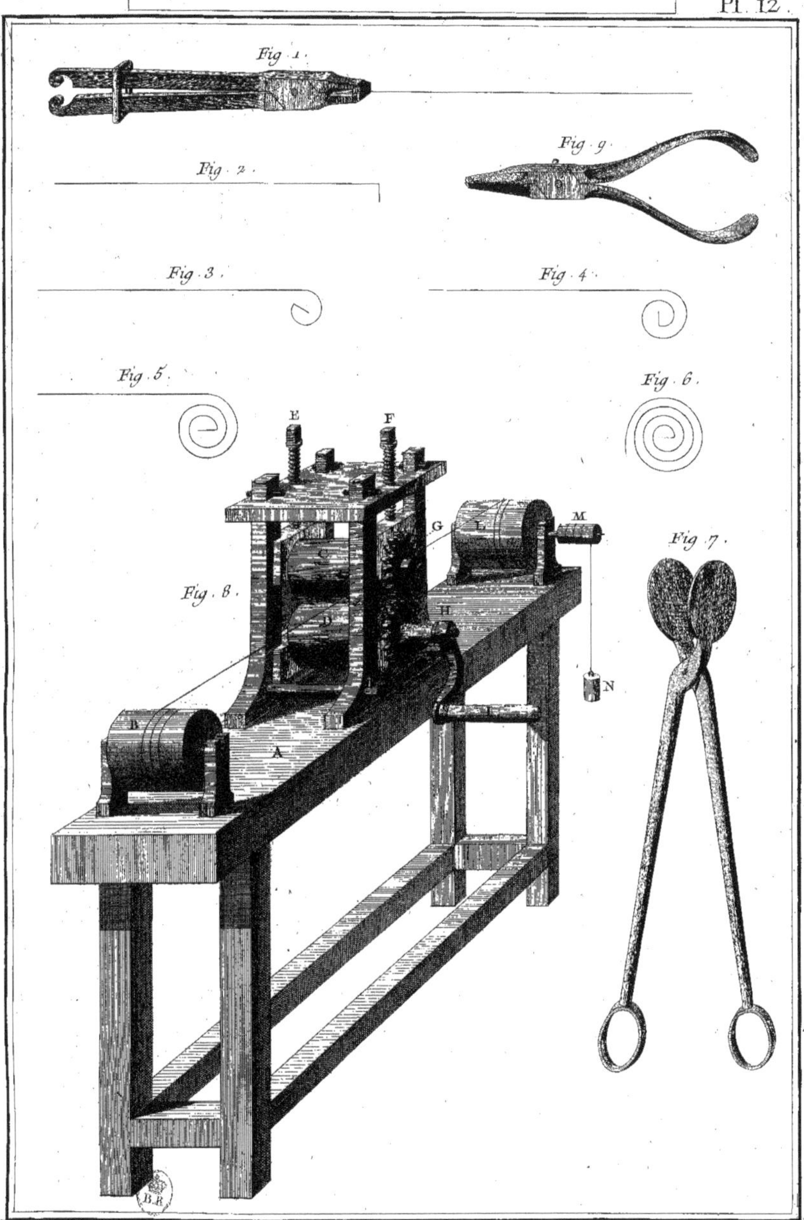

Goussier Del. Benard Sculp.

www.ingramcontent.com/pod-product-compliance
Ingram Content Group UK Ltd.
Pitfield, Milton Keynes, MK11 3LW, UK
UKHW020212200726
13856UKWH00004B/1346